韓屋

한옥을 말한다

박광수 저

일진사

추천의 글

동해(東海)물결 부닥치는 태백산(太白山) 정기받아, 푸른 송백(松柏) 길이길이 우거진 연호(蓮湖)가에…….

지금은 까마득히 잊혀져 가는 이 구절, 우리는 매주 아침조회 때마다 우렁차게 이 교가를 불렀다. 그로부터 몇 십년이 지난 올해 4월 봄날 머리가 희끗희끗한 한 후배가 부여 백마강 모퉁이에 있는 연구실을 찾아왔다.

참 오랜만에 만났지만 우리는 금방 서로를 알아볼 수 있었다. 차 한 잔 마시며 사방을 두리번거리던 후배가 가방을 뒤적거리더니 갑자기 한 뭉치 원고를 내밀었다.

선배님! 영문학과를 졸업한 후 ROTC로 전역하여 미국, 칠레, 뉴질랜드에서 원목을 수입하다가 그 나라의 목조건축에 반하여 우리나라 한옥을 짓는 목수가 되고 싶었습니다. 허참, 시쳇말로 목수는 아무나 하나 그러면서 물끄러미 쳐다본 그의 손가락은 거칠기 더할 나위 없었다.

대패를 구경한 경험에 불과한 영문학도가 현장에서 거친 일 배우며 용어를 이해하여 원고를 정리한 각고(刻苦)의 노력은 이 책 내용보다 더 값진 인고(忍苦)의 세월이었을 것이다. 후배는 이 책 속에서 첩첩한 산중에 부모형제, 처자식 두고 남정네만 득실거리는 목수의 애환을 그려 넣었다.

현장의 목수는 정년이 없다. 단지 건강만 있을 뿐이다. 나무 골라 먹줄 튕기고 몇 수십 번 원목 굴려 둥근기둥 깎고 울퉁불퉁한 초석 다듬어 기둥 세우고 뚱땅뚱땅 큰망치질하여 보 맞추고 날아갈 듯한 추녀곡선 만들어 한 채가 마무리 되면, 그들은 또 다른 그들만의 세계로 떠난다. 그것은 끝이 아니고 시작이다.

영욕의 영문학을 버리고 목수의 길을 택한 후배에게 "천혜(天惠)의 고장 울진 금강송(金剛松)"의 혼을 이어받아 초판 발간의 설렘과 아쉬움을 갈고 다듬어 재판이 거듭될수록 현장의 목소리를 담아 역사에 길이 남는 한 권의 기술서가 되길 기원한다.

2010. 4. 26.
한국전통문화학교 교수 장헌덕

 ✿  ✿

머리말

한옥은 자연의 섭리를 꿰뚫은 조상들이 돌과 나무와 흙의 자연 재료로 하늘(태양), 땅(바람과 비), 사람을 조화시킨 위대한 걸작이자 집을 비례의 미학으로 승화시킨 고귀한 유산이다.

한옥은 우리의 마음속에 고향처럼 자리 잡고 있으나 뛰어난 안목과 손재주를 지닌 장인들의 작품으로 인식되어 일반인이 접근하기 어려운 것으로 생각되고 있다.

이는 한옥을 짓는 기술이 급격한 개화의 물결로 콘크리트 집짓기에 밀려 전통 민가 주택은 사장되고, 전통사찰이나 궁궐 복원 등에 의해 소수의 목수들에게만 유지되어 왔으며 그나마 현장에서 그 기술이 구전되다 보니 전수가 제한적일 수 밖에 없기 때문이다.

실제로 한옥은 짓기도 쉽고 우리의 땅에 가장 잘 어울리며, 우리의 몸에 가장 적합한 과학적이고 친환경적인 주택으로 우리의 옛 조상들이 태고적부터 즐겨 지어 온 살림집이다.

이 책에서는 한옥에 깃들인 장인의 공통적인 감각을 깨우쳐 한옥의 우수성과 조상들의 슬기를 재조명하고, 스스로 한옥을 짓는 데 도움이 되고자 현장에서 배우고 익힌 기술을 도면과 사진으로 설명해 보았다.

한옥을 짓는 기술은 현재 진행형이다. 선현들의 업적을 배우고 자신들의 현장 경험을 바탕으로 계속하여 우수한 기술이 많이 축적되기를 기대한다.

끝으로 이 책을 펴내는 데 힘써주신 일진사 사장님과 편집부 직원들께 심심한 감사의 말씀을 드린다.

秀

차 례

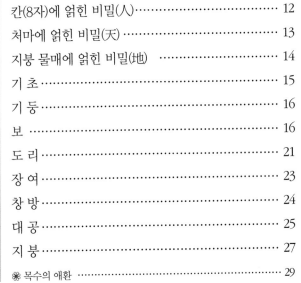

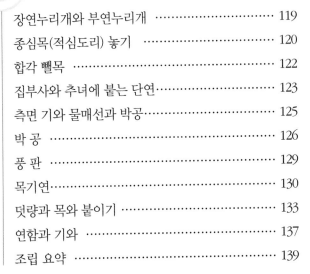

제 4 장
수 장

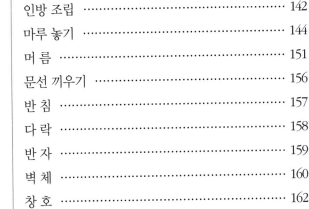

제 5 장
시공 사례

부 록

제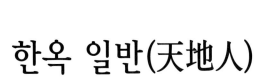**1**장

한옥 일반(天地人)

칸(8자)에 얽힌 비밀(人)

우리 선조들은 초가삼간 집을 짓고 살던 민족이었다. 한 칸은 사방 8자(가로 약 2.4m, 세로 약 2.4m)이므로 좌우 방 두 칸에 중앙 마루 한 칸이 기본이다. 중앙에 마루를 두고 부부 방에 아이들 방 세 칸에 부엌을 작게 달아내든가, 방 두 칸에 부엌 한 칸을 두었다.

부엌의 재와 부엌 옆에 따로 떨어진 화장실의 인분이 만나 효율적인 거름이 되기도 하였다. 실제로 세 칸 집에 살아 보면 군더더기가 없고, 정이 새롭고 사람 사는 맛이 아기자기하다.

홀수는 터지고 짝수는 막힌다. 홀수를 번창할 수로 보아 집 칸수, 문살, 대문 위 홍살도 홀수로 하였다. 세 칸은 더도 덜도 아닌 딱 맞는 크기이다.

부재는 주변의 소나무든 느티나무든 적당히 자란 나무를 베어 사용하였다. 나무는 3, 6, 9, 12, 15, 21로 3의 배수로 잘라 사용하였으며, 전통적으로 갑오라고 해서 9를 좋아한 우리나라 사람들은 나무도 9자 나무에서 뺄목치수를 빼면 8자가 된다.

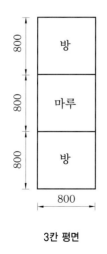

3칸 평면

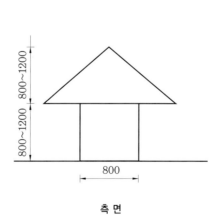

측 면

이는 대자라고 해서 5자가 평균 키라면 팔을 들면 6~7자가 되는데, 1자가 남으니 8자, 즉 한 칸은 누워서 잠을 자든 서서 생활하든 딱 알맞은 크기인 것이다. 선조들은 인체의 크기와 구할 수 있는 재료의 크기를 조합하고 생활할 때 집에 눌리지 않고 평안한 생활을 하기에 최적의 크기인 숫자 8(칸)을 찾아낸 것이다.

어느 날 갑자기 운수의 변화가 왔을 때 팔자를 고친다고 하거나, 편히 노는 삶을 일컬어 '팔자 좋다.'라고 하는데, 이 역시 숫자 8의 비밀이라고 할 것이다.

세 칸 집이라 하여도 문과 창으로 자연을 끌어들이면 좁고 답답함이 없다. 부부가 결혼하여 초가삼간을 짓고 열심히 살아 점점 부자가 되어 재물을 늘리고 아이를 낳고 일하는 사람들을 두며, 안채·사랑채·별채로 칸수를 늘려 마침내 99칸을 이루게 된다. 즉, 별채·안채·사랑채·행랑채를 지으면서 한 채 두 채 모여 커진다. 한옥의 크기는 일가(一家)의 발전에 따라 변하는 것이다.

처마에 얽힌 비밀(天)

지구상의 모든 생물은 태양에 의해서 성장하고 발전한다. 동물과 식물의 특징은 열대와 온대, 그리고 한대 지방에 따라 대별된다. 사람도 아침에 태양이 떠오르면 그 빛을 받아 잠에서 깨고 활동하게 된다.

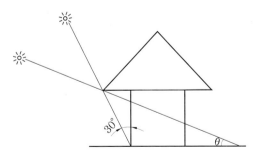

■ 장연 끝과 기둥이 이루는 각이 30°이다.

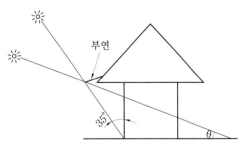

■ 부연을 달아 여름의 태양 고도를 줄여 더위를 피하였으며 부연의 물매를 줄여 쳐들리게 함으로써 겨울의 태양 입사각은 같게 하여 따뜻하게 하였다.

여름의 뜨거운 태양과 겨울의 찬바람을 감안하여 지붕을 밖으로 길게 빼었으나 부연을 덧대고 앙곡을 주어 겨울 태양이 떠오르면서 집의 안쪽 깊숙이 빛이 들어오니 사람들이 일찍 활동할 수 있으며, 여름 정오의 뜨거운 햇빛을 부연의 긴 처마가 가려 시원하게 지낼 수 있는 쉼터를 제공해 줄 수 있도록 했다. 우리 선조들은 하늘(天)을 통달하여 북반구 태양의 각도를 수리로 한옥에 적용시켰다.

 ## 지붕 물매에 얽힌 비밀(地)-風雨

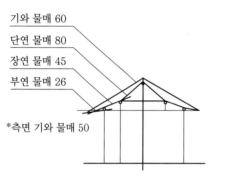

기와 물매 60
단연 물매 80
장연 물매 45
부연 물매 26

*측면 기와 물매 50

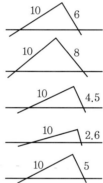

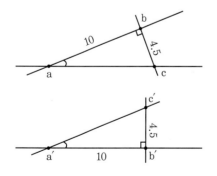

△abc≡△a′b′c′ 이므로 ∠a=∠a′
즉, 물매는 4치 5푼(4.5)으로 같다.

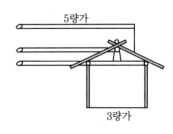

5량가

3량가

3량가의 기와곡과 5량가의
측면 기와곡이 자연스럽게 만난다.

우리 선조들은 빗물이 지붕에서 가장 부드럽게 흐르는 물매로 장연 4치 5 푼, 단연 8치, 기와 6치를 찾아냈다(5량가).

수평 10에 수직 4.5를 4치 5푼 물매라고 한다. 집의 크기에 따라 3치 5푼 물 매로 낮추기도 하면서 융통성 있게 비와 눈의 지붕 물매를 다스렸다(장연 3치 5푼~4치 5푼, 기와 5치(3량가)). 3량가가 5량가와 만나는 ㄱ자 집에서 3량가 의 기와 물매가 측면으로 되며 자연스럽게 5치 물매가 된다.

기 초

겨울에는 땅이 얼기 때문에 3자를 파서 줄기 초나 독립기초를 만든다. 독립기초의 크기는 초석의 2배 이상으로 한다. 나무는 물에 약하 므로 초석은 돌로 한다. 초석의 크기는 기둥보 다 2치 이상 크게 한다.

기둥이 7치 기둥이면 초석은 9치로 한다. 초 석은 민흘림으로 1치를 주어 상부 9치, 하부 1 자가 된다. 초석의 높이는 1자~2자로 한다. 최소한 구들의 높이 이상(1자)으로 하고, 땅의 성질(습한 정도)에 따라 2~3자 이상도 할 수 있다.

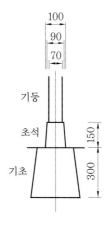

초석은 산(山)에서 캔 산돌을 사용한다. 다듬은 초석을 사용할 수도 있고, 자 연석을 그대로 사용하는 '덤벙 주초'를 사용할 수도 있고, 지형이 암반이면 바 위에 기둥을 바로 세울 수도 있다.

기둥의 높이를 맞추는 '그랭이 기법'으로 어떠한 형태의 초석에서도 직립 수평의 기둥을 세울 수 있다.

기둥

기둥은 모양에 따라 각기둥, 원기둥, 배흘림기둥이 있고, 치목에 따라 평주, 민흘림, 배흘림기법이 있다.

평주는 상하부의 크기가 같게 치목한 것이고, 민흘림기법은 착시 현상에 의해서 상부를 하부보다 가늘게(9자 기둥의 하부가 1자이면 상부는 9치 정도로 1치 정도 가늘게) 치목한 것이며, 배흘림기법은 하부 1/3 지점이 가장 굵게 되도록 치목하는 기법이다.

각기둥은 표면에 외사나 쌍사를 넣어 조형미를 주기도 한다. 기둥의 크기는 전통 민가는 4~5치 기둥(서까래 3치)도 사용하지만 최소 5치 이상이어야 보기 좋고, 7치 이상이면 중후한 멋이 있고 안정적으로 보인다.

기둥의 크기가 7치 이상이면 수장 폭이 3치가 확보되고 주먹장 치목이 안정적으로 가능하다.

기둥 하부를 5푼 정도 오목하게 파고 소금이나 숯을 넣어 습기나 흰개미의 접근을 막는 방법을 쓰기도 한다.

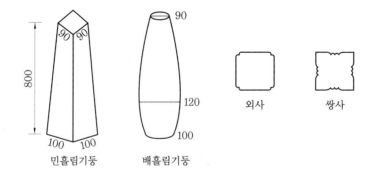

민흘림기둥   배흘림기둥   외사   쌍사

보

기둥을 전후 방향으로 고정시키고 상부의 결구를 가능하게 하는 수평재로서 가장 크고 무거운 부재이다. 수평 부재는 머름 상방을 제외하고 나무의 등을 위로 향하게 하여 사용한다.

보는 보머리, 보목, 보몸, 보꼬리로 대별된다.

보몸은 기둥보다 넓고 굵은 부재를 사용하나 보머리는 기둥보다 작아 보이도록 양볼을 기둥폭보다 작게 줄여 깎아 준다.

보머리의 형태에 따라 직절이나 사절, 게눈각, 초새김으로 분류된다.

보의 바닥에 따라 평보와 굴림보가 있으며, 보꼬리는 기둥에 홈을 파고 끼운 후 산지를 박거나 주먹장으로 홈을 파고 끼울 수 있으며, 올라타기도 하고, 홈을 파고 올라타기도 한다.

보목은 숭어턱이라 부르며 기둥과 결구되는 부분이다. 기둥과의 결구 방법에 따라 기둥에 보목을 직절하여 직접 끼울 수도 있고, 주먹장과 직절로 끼우거나, 기둥 위에 주두를 올린 뒤 주두 위에 올라타서 결구하고 직절하여 장여 끼움하는 방법이 주로 사용된다.

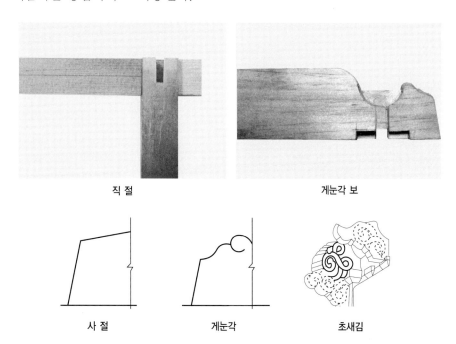

직 절   게눈각 보

사 절   게눈각   초새김

회첨 부분에서는 보머리 없이 숭어턱을 주먹장으로 연결하거나, 숭어턱만을 장부처럼 끼운 뒤 산지를 박기도 하며 도리는 반연귀로 나비장 연결하거나 보를 파서 끼우기도 하였다.

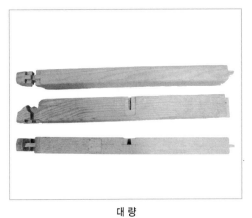

대 량

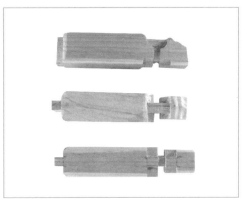

퇴 량

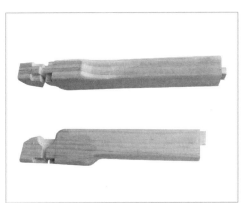

충량(배후림과 보꼬리 턱 낮춤)

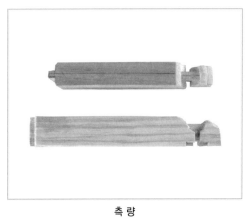

측 량

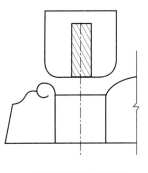

기둥에 보목을 직접 끼움

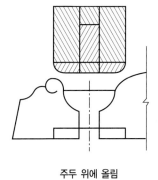

주두 위에 올림

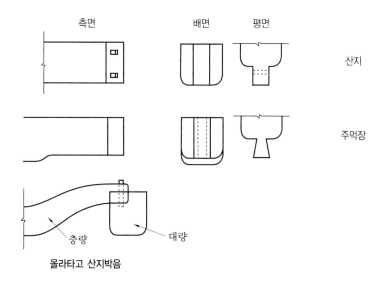

측면　　　　　　　배면　　평면

산지

주먹장

충량　　　　　대량

올라타고 산지박음

보는 크고 무거우므로 배를 후리거나 상부 도래걷이나 보 옆면을 굴려 깎고 모서리를 접어 시각적으로 경쾌하게 보이도록 한다.

보의 크기는 기둥과 대비하여 가로는 같거나 조금 크게, 세로는 가로의 1.5~1.6배(가로는 최소 7치 이상에서 1자, 세로는 1자 2치~1자 6치) 정도는 되어야 안정적이다. 장(長)에 따라 5자 기준으로 70×100 정도에서 높이를 장 1~2자에 10~15 정도를 더해 주기도 하였다. 보머리는 기둥보다 조금 좁게 양볼을 걷어준다. 보목은 2치 5푼~3치 이상으로 한다.

주두가 있으면 보목이 가늘어도 주두가 받쳐 주지만 보목이 가는 인상을 주지 않도록 한다. 보목의 높이는 보 높이의 1/2 이상 되게 한다. 때에 따라 보목을 반턱 따고, 장여를 반턱 따서 결구하기도 한다.

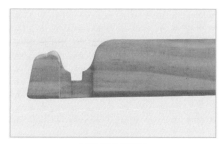

보목 반턱 쳐내기

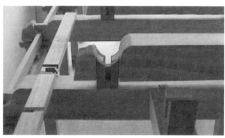

보목 반턱

보목은 약해 보이나 기둥에 버팀으로 부러지지 않으며 오히려 보몸에 하중이 실리면 모멘트가 걸리므로 보몸이 부러지는 경우가 있으니 보의 중앙 부위가 튼실한 목재를 사용할 것이다.

보의 하부는 처져 보이는 착시를 없애기 위해 수평에서 1~2치 굴림을 주기도 한다.

자유스런 등을 살린 보(병산 서원)

보머리의 크기는 가장 작은 보(퇴보)와 같게 하고, 넓이는 기둥 폭과 같거나 퇴보 높이를 넘지 않도록 하며, 높이는 도리의 중심선과 같거나 도리 상부를 넘지 않도록 하고 선단은 1치 흘림을 준다.

기둥과 장부 연결되는 보꼬리의 하부는 보 바닥과 수평이 되게 하고 상부는 수평이거나 1~2치 턱지게 낮춘다.

숭어턱의 높이는 도리의 중심보다 1치 정도 내려가도록 한다. 퇴보의 높이는 기둥의 1.15배 이상으로 하고, 대량은 퇴량보다 1.25배 이상으로 한다.

나무의 생김새를 최대한 살려 나무의 등이 위로 가도록 치목하여 하중도 올리고 배후릴 필요도 없앤다. 목수의 미적(美的) 감각에 따라 가장 아름다운 조형미와 안정감을 가져오도록 한다.

보 하부 굴림

올라탄 보

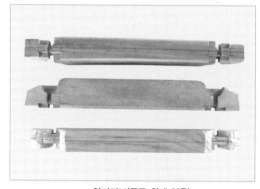

양머리보(주두 위에 얹음)

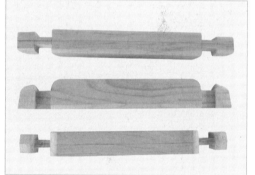

양머리보(민굴도리)

 ## 도 리

　도리의 굵기는 기둥과 같거나 기둥보다 1치 이상 굵게 한다.

　도리는 단면의 모양에 따라 원형 도리를 굴도리라고 부르고 방형 도리를 납도리라고 부른다. 기둥과 직접 결구되어 기둥과 도리만으로 결구되는 가장 간단한 조립 방법(주로 납도리)과 장여를 창방을 겸하여 기둥과 주먹장으로 연결하고 도리를 장여 위에 얹거나 창방을 기둥과 주먹장으로 연결하고 장여를 끼운 후에 도리를 장여 위에 얹는 방법이 있다.

　납도리는 주로 반턱 주먹장으로 기둥에 끼워 연결하며, 굴도리는 굴려 판장여 위와 보의 숭어턱 위에 턱 따고 얹어서 나비장으로 결구하는 형식을 취

한다.

최근에는 나비장 대신에 평철을 위에 대고 못으로 박는 형식을 쓰기도 한다.

반턱을 따서 위에 걸쳐 넘어가기도 하고, 통으로 넘어가고 은못으로 고정하는 방법도 쓸 수 있다.

한옥 기법의 발전으로 목수의 생각에 따라 찾은 안정적이고 튼튼한 방법이 전수되었다. 장여를 오목하게 굴려 깎음으로써 나무가 마르더라도 틈이 감추어지고 바람을 막아 주는 지혜가 생겨났다.

귀는 왕지도리로 결구하는데 왕지도리 결구는 장여의 폭을 기준으로 한다.

굴도리의 결구

납도리의 결구

귀도리와 장여

중도리와 장여

장여

수장의 기준은 장여이다. 수평으로 기둥을 연결하는 것은 창방을 쓰는 것이 보통이나 장여만으로 연결하기도 한다.

장여 연결 확대

장여는 창방 위에 두고 도리를 받는 부재로 사용되며 모든 수장의 기준이 된다.

장여의 폭은 기둥의 1/3(9치 기둥은 3치 정도)로 한다. 기둥 폭에 따라 2치 5푼이나 4치 이상으로 하기도 한다.

장여의 높이는 기둥 굵기와 도리 크기에 따라 4치, 5치, 7치 이상으로 적절히 사용한다.

장여는 직육면체의 부재로 기둥과 주먹장으로 직접 끼우기도 하고 주두 위에 반턱을 따서 주먹장으로 연결하고 보의 숭어턱으로 눌러 고정한다. 뺄목이나 왕지에서는 하부 반턱을 따서 걸쳐 대고 상부에 도리를 받는다. 처짐을 방지하기 위해서 하부를 반턱따느냐 상부를 반턱따느냐를 선택한다.

장여는 창방 위에 소로를 얹고 소로에 끼워지거나, ⌷형식으로 깎아 소로봉의 역할을 겸하기도 하고, 창방과 은못으로 수평 결구되기도 한다.

장여는 인방의 폭과 같아서 모든 수장재의 기준이 되며 왕지 부분에서는 왕지맞춤으로 결구된다.

장여 굴도리 자리 홈파기

소첨 장여 도리 자리 굴리기

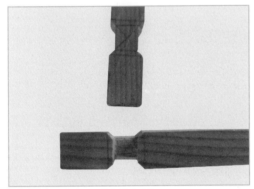

장여 왕지 맞춤 1

장여 왕지 맞춤 2

창 방

　창방은 기둥과 기둥의 연결 부재이다. 기둥은 납도리만으로 반턱 주먹장, 장여 주먹장, 창방 주먹장으로 연결하며, 창방 주먹장으로 연결하는 것이 가장 튼튼한 방법이다.

　창방은 기둥보다 조금 작은 부재로 기둥과 주먹장 결구를 한다. 창방은 수장폭을 제외하고 반깎기를 하여 굴려 준다.

　창방 위에 촉을 박아 소로를 끼우고 소로 위에 장여를 올리거나 은못으로 장여와 결구시키고 쪽소로를 붙이기도 한다.

　귀창방은 뺄목을 빼고 주먹장, 평, 주먹장으로 기둥과 결구하며 반턱으로 교차시킨다.

　귀창방이 주두와 결구될 때는 주두굽 높이만큼 높게 하며 부재를 아끼기 위하여 덧대기도 한다(못으로 박아 덧대거나 아교로 덧붙임).

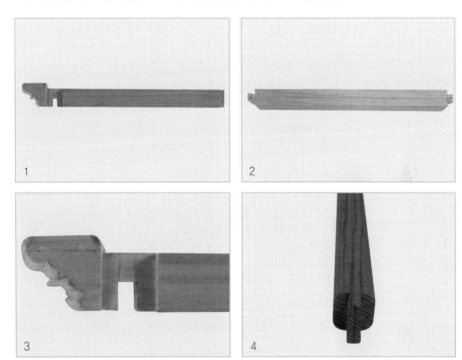

1. 귀창방
2. 평창방
3. 주두굽보다 5푼 높게(덧대기도 한다.)
4. 폭은 기둥보다 조금 작게

 # 대 공

　대공은 보 위에서 종도리를 받는 부재로서 동자(기둥)대공, 판대공, 화반대공, 인(人)자대공, 포대공 등이 있다. 대공의 높이는 물매의 역산으로 산출된다.

　8치 물매에서는 대공의 높이 $b=a\times\dfrac{80}{100}$, 즉 a의 길이에 따라 높이 b를 역산한다.

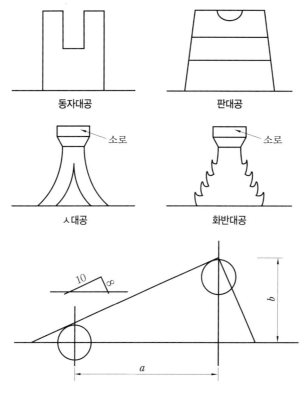

동자대공

판대공

ㅅ대공 — 소로

화반대공 — 소로

이때 보의 높이가 부재(나무)의 특성상 일정하지 않으므로 보의 좌우 끝에서
수평 줄을 쳐 수평보아 대공을 그랭이 떠서 대공 높이를 맞춘다. (p.82 참조)

화반대공

화반과 소로

지 붕

　한옥의 멋은 외관의 날아갈 듯한 지붕에 있다. 지붕은 연목(서까래)을 앞뒤
로 걸고 측면은 노출시키거나 박공으로 서까래를 감추거나 풍판을 덧댄 박공
지붕, 추녀를 종도리까지 올리고 연목을 걸어 만든 우진각지붕, 추녀를 장연
까지 오게 하고 단연 위에 종심목을 올리고 박공으로 측면을 만든 팔작지붕으
로 크게 나눈다.

| 박공지붕 | 우진각지붕 | 팔작지붕 |

　한옥은 주로 박공지붕과 팔작지붕을 많이 사용하였다.
　기둥을 보호하고 비를 피하기 위해 처마를 길게 뺄 필요가 있어 긴 서까래가
필요하였고 햇빛을 깊이 들어오게 하고 지붕이 날렵하게 보이도록 부연을 달
아 날아갈 듯한 지붕 곡선을 이루었다.

세로목

가로목

최근에는 지붕의 하중을 줄이고자 보토를 줄이고 적심을 없애는 덧추녀와 덧서까래 위에 목와를 붙이는 방법으로 개선하여 지붕 기와의 수명을 25년에서 100년 이상으로 향상시키는 기법이 도입되고 있다.

지붕은 풍우(風雨)를 다스리기 위하여 3차원으로 구성되어 복잡한 수리로 얽혀 있다.

추녀, 초매기, 장연, 단연, 개판, 사래, 이매기, 부연, 부연착고, 부연개판, 집부사, 박공, 목기연, 연함 위에 보토를 깔고 기와를 이어 구성한다.

목와 박기

목와 완성

❀ 목수의 애환 ❀

예나 지금이나 목수는 부모 형제 처자식을 두고 절이나 사원 등을 짓기 위해 주로 산속이나 경치 좋은 한적한 곳에서 일을 한다.

경치가 좋다는 것은 사람이 드물다는 뜻이다. 남정네만 득실거리는 공사장에서 일하다 보면 몇 달, 길게는 몇 년을 집에 못 가다 보니 사람이 그리워진다. 그곳에는 장가 못 간 늙은 총각들도 수두룩하다.

목수는 여인을 그리워하게 되고 그러다 보니 틈나면 술집이나 식당의 여자를 알게 되어 술을 청하거나 정을 통하기도 한다. 돈을 탐한 여자는 목수의 돈이 떨어지면 목수를 버리고 떠나가 버린다. 목수는 허한 마음에 공사장에 여자의 형상을 조각하여 새긴다.

강화도 전등사를 지을 때 목수가 식당에서 일하는 젊은 여자에게 반해 돈을 주고 정을 통하다가 어느 날 여인이 돈을 갖고 도망가 버린 것을 알고 낙망해서 절 공사장으로 돌아와 벌거벗은 여인의 상을 추녀 밑에 조각하였다.

추녀를 이고 쪼그리고 앉아 있는 벌거벗은 여인의 나상! 목수의 돈을 떼먹고 도망간 여인이 회개하도록 절의 추녀 밑에 조각을 새겨 넣은 것이다. 목수에게 나무는 나무이기도 하고 여인이기도 한 것이다. 목수는 나무의 흰색에서 여인의 냄새를 맡았다.

바람난 부인을 벽 옆에 거꾸로 달아낸 이방은 목수의 유머이다. 목수는 여인을 그리워하여 나무에 조각으로 끼워 넣었다.

흙

어느 봄날 밭에서 고구마를 심었다. 삽으로 밭을 갈고 괭이로 골과 둑을 만들어 검은 비닐로 멀칭을 하고 고구마줄기를 심는다. 일하다보니 흙이 신발에 자꾸 들어가서 급기야 신발을 벗고 맨발로 일을 하였다. 맨발에 닿는 흙의 감촉이 가려운 듯 부드럽게 자극되었다. 발가락 사이를 간질이듯이 흙이 삐져나오는 것이 묘한 감흥을 주었다. 저녁에 집에 와서 목욕하고 문득 발을 보았는데, 이게 웬일인가! 내 발에 무좀이 있었는데 무좀이 거의 다 나아버린 것이다. 흙이 무좀을 가져간 것이다. 모든 흙이 신체에 맞는 것은 아니지만 우연히 밭의 흙이 내 발의 무좀과 궁합이 맞은 모양이었다. 흙은 우리 몸의 자연치유력을 살려주는 촉매의 역할을 한다. 현대의 아토피 등 각종 알레르기 증상도 흙과 접하지 못하는 우리 몸의 말없는 시위이다.

흙은 원적외선을 내뿜고 습기를 머금어 피부를 촉촉하게 해 준다. 흙은 보온과 열 차단 효과가 뛰어나 여름에는 시원하고 겨울에는 따뜻하다. 땅속에 묻어둔 김치는 발효 숙성되니 김치냉장고가 그 맛을 따를 수 없다. 흙은 실내의 혼탁한 공기를 정화시켜 맑은 실내를 유지시켜 준다. 담배를 피워도 담배 냄새가 배지 않는다. 흙은 우리 몸에 가장 적합한 주거 수단을 제공해 준다.

한옥은 바닥과 벽, 지붕에 흙을 사용하여 마무리를 하였다. 한옥의 흙 마감은 우리의 몸을 건강하게 유지시켜 주는 훌륭한 자연 의약품이다. 방의 크기는 겨우 두 사람이 누울 수 있는 사방 8자(약 2.4m) 정도이며, 골방은 심지어 4자×8자(1.2m×2.4m) 정도의 크기로, 주로 결혼하기 전 처녀 총각의 방으로 이용되었다. 좁은 골방에 친구들이 오순도순 모여 앉아 내일을 꿈꾸며 밤참을 나눠 먹었으니 그 정이 돈독하지 않을 수 없다. 인간미 물씬 나는 정이 묻어나는 생활이었다. 실내가 좁아 탁할 만도 하였으나 공기가 신선하고 따뜻하였다.

한옥은 바로 흙 덩어리요, 건강 덩어리인 것이다.

제 2 장

치 목

민가 도면

(1) 3량가 민도리 박공집

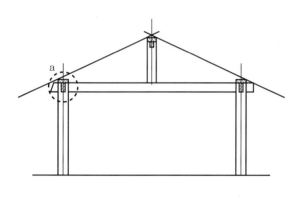

• 민도리 기둥 결구

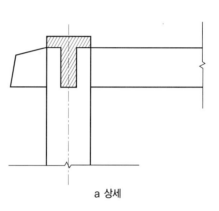

a 상세

(2) 3량가 민굴도리 박공집

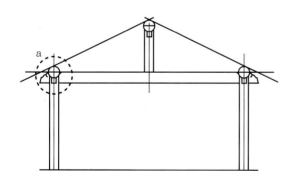

• 민굴도리 기둥 결구

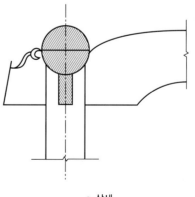

a 상세

(3) 5량 납도리 익공 팔작

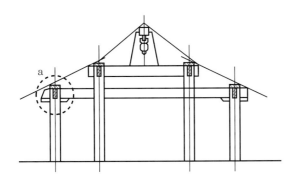

• 납도리 익공 기둥 결구

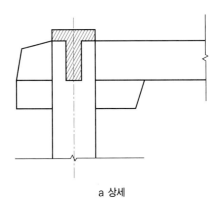

a 상세

(4) 5량 굴도리 초익공 팔작

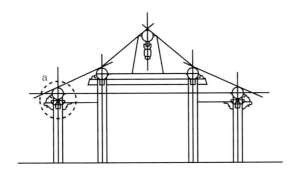

• 굴도리 초익공 기둥 결구

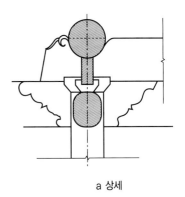

a 상세

(5) 5량 굴도리 초익공 팔작+3량 굴도리 초익공 박공

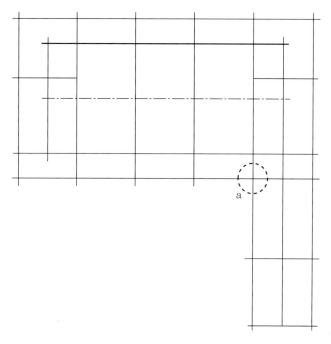

• 회첨 부위

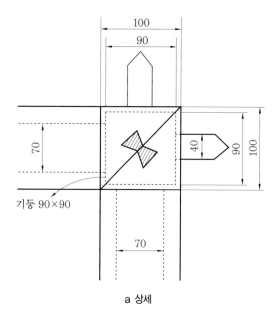

a 상세

한옥의 종류

납도리 3량가 동자주

보 위에 종도리 올라탐

납도리 3량가

납도리 장여 판대공

납도리 5량가

납도리 장여집

납도리 장여 5량가

납도리 장여 ㄱ자집

굴도리 장여집

초익공 초새김 운공집

굴도리 장여 창방 소로집

굴도리 5량가

초익공 초새김 운공

이익공 굴도리 화반 창방집

수공구

(1) 곡 자

자, 치, 푼, 리 측정

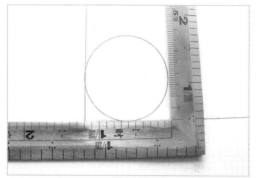

외경 측정

수직과 수평

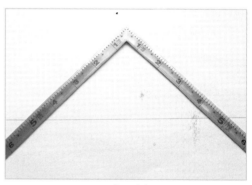

45° 그리기

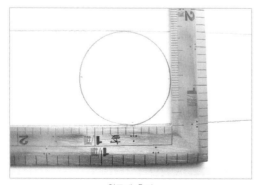

원둘레 측정

5푼 긋기

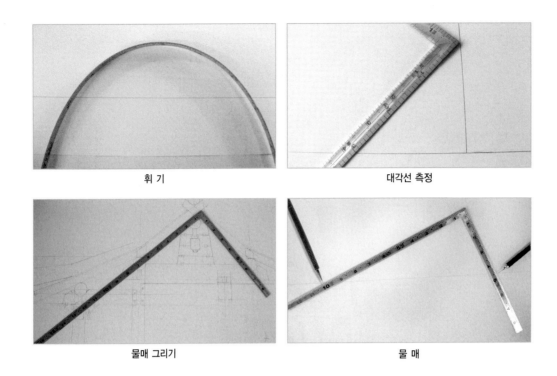

휘 기	대각선 측정
물매 그리기	물 매

(2) 먹 통

먹실은 굵은 것, 중간 것, 가는 것의 세 개를 사용한다.

① 구조

② 먹 놓는 방법

먹실을 부재 밖에서 한 번 튕겨서 먹을 털어내고 부재의 먹 놓는 부위에 수평 위치시킨 후 수직으로 당겼다 놓아야 먹물이 튀지 않는다.

③ 치목의 요령

부재의 결구 방향을 보고 치목한다. 나무는 정사각이나 정원이 될 수 없다. 항상 변화한다. 따라서 결구할 때 접합 부위만 수평이나 수직을 유지하도록 다듬어서 치목한다.

기둥의 사개, 창방, 장여는 하부부터 조립하므로 하부를 그리고 수선을 세운 후 상부는 연결만 하면 된다. 상부는 수평만 이루면 되므로 조립 전에 수평으로 다듬어 조립한다. 굴도리 장여 폭에 먹선을 놓을 때는 굴도리를 고정시켜 움직이지 않도록 하여 먹을 쳐야 먹선이 휘지 않는다.

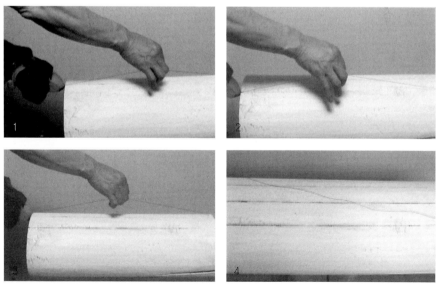

굴도리 장여 폭 먹선 놓기

배흘림기둥의 배흘림 곡선처럼 먹선의 배를 부르게 하려면 먹실을 놓기 전에 당긴 상태에서 먹실을 손가락으로 돌려 꼬아 감았다가 옆으로 당겼다 놓으면서 치면 먹실이 실의 꼬임이 풀어지는 시간이 있음으로 휘게 쳐진다.

원하는 먹선을 얻으려면 수련이 필요하고 실의 꼬임과 당기는 거리에 따른 감을 가져야 하며 여러 번 시도해야 한다.

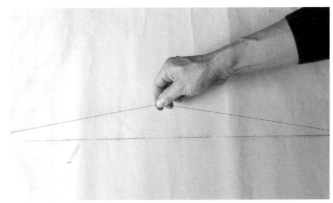

먹선 휘어치기

◎ 먹통 : 겉먹(굵은 것), 중간 먹(다듬 먹), 가는 먹(마감 먹) - 3개 보유

(3) 먹 칼

① 먹칼 만들기

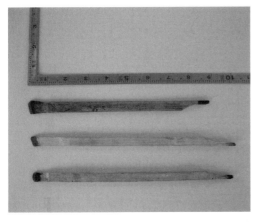 

■ 대나무의 외피를 살리고 내쪽을 경사지게 뾰족하도록 깎는다.

② 사용 방법

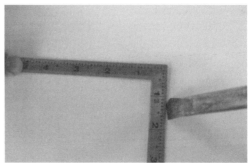

■ 외피가 부재에 닿도록 내피를 자에 기울여 대고 긋는다.

■ 수직선을 그을 때는 외피를 자에 대고 긋는다.

'1자질이요, 2톱질이며, 대패는 그 다음이다.'라는 것은 목수의 숙련도를 일컫는 말이다.

목수 중에서 도편수나 부편수가 먹을 놓는다. 먹을 놓기 전에 도면을 수차례 그려 보고, 머릿속으로 부재를 만들어 조립 상태를 그려 보며, 의심쩍으면 축소 모형을 만들어 가면서 신중하게 먹을 친다.

유능한 목수는 나무의 변화 상태를 예상하여 먹을 놓는다. 휘는 방향, 돌아가는 방향을 예상하고 나무의 결을 보아 먹을 놓고, 나무가 줄어드는 것까지 감안하여 먹을 놓기에 시간이 흘러도 변화가 적고 수정이 줄어들며 조립 후 아름다운 선이 유지된다.

집은 천 년을 가고 후세가 두고두고 살면서 느끼는 곳이다. 집에는 목수의 혼이 서려 있다.

목수는 부재 한 개, 조립 한 군데도 소홀히 할 수 없다. 시간을 들여서 정성을 다해 치목하고 깎고 조립하고 전체적인 조형미를 완성해야 비로소 아름다운 작품이 나온다.

(4) 톱

켜는 톱날과 자르는 톱날로 대별된다. 자르는 톱은 교체형으로 사용하면 되고 켜는 톱은 조선톱을 날을 세워서 켜야 한다. 먹을 잘 놓아야 하지만 톱질을 잘 해야 끌과 대패질이 쉬워진다. '1자질이요, 2톱질이다.'는 톱이 대패보다 중요함을 말해 준다.

톱질은 톱의 손잡이 끝부분을 잡고 정면 위에서 부재와 직각으로 톱몸의 중앙을 보면서 톱이 가는 대로 살살 전후 왕복 운동을 한다. 처음 시작할 때에는 손톱이나 손가락을 대고 시작하여 슬근슬근 호흡을 맞추어 해야 힘이 덜 든다. 끝날 때는 살살 해야 나무의 쪽이 떨어져 나가지 않는다.

평소에 톱질 연습을 해서 기량을 향상시켜야 하고 톱날도 손질해야 한다. 톱이 나가는 방향은 목수의 몸 자세와 관련이 있으므로 톱날을 손질할 때에는 평소에 톱의 나가는 방향을 보고 몸의 자세를 보정하거나, 톱날의 엇매김 각도를 다르게 손질해서 먹선대로 톱이 나갈 수 있도록 한다.

① 부재 자르기 / 켜기 연습

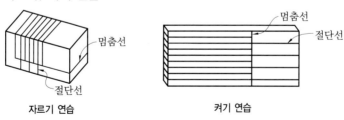

자르기 연습   켜기 연습

톱질 연습
• 선을 따라 정확한 톱질
• 멈춤선에서 정확히 멈춤
• 절단선까지 잘라 단면을 확인

자르고 켜는 연습을 할 때 단면을 확인하고 먹선대로 잘라지는지 거듭 확인한다.

② 톱질하기

나무는 직각이 될 수 없으므로 a와 b 방향으로 번갈아가면서 톱질하다가 나무를 90° 회전시켜 x, y축을 90° 로 바꾼 후 c 방향으로 톱질하면 단면을 직각선으로 자를 수 있다.

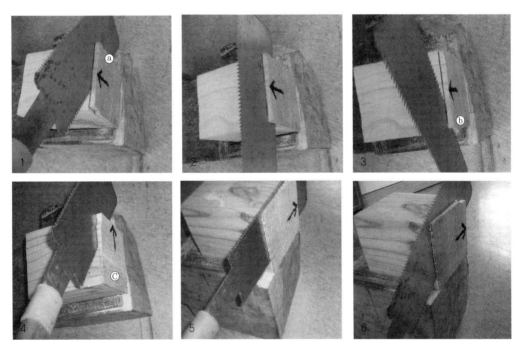

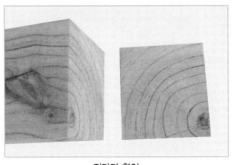

절단면 확인

③ 톱자루

톱자루가 톱몸과 수직선이 되어야 한다. 톱자루가 휘어져 있는 경우 덧대어 중심선의 균형을 맞춰야 한다.

■ **톱자루 중심선** 톱자루가 톱날보다 우측으로 휘어져서 좌측에 자루를 덧대어 자루의 중심을 맞춤

④ 자세

눈은 톱날의 정중앙을 보고, 손은 톱자루의 끝부분을 자연스럽게 잡고, 어깨는 톱과 직각을 유지하고, 다리는 자연스럽게 좌우 수평이 되게 하거나 또는 왼발을 1보 정도 내딛고, 팔은 전후로 슬근슬근 톱질한다.

⑤ 톱날의 손질

판재를 톱날의 앞뒤에 대고 바이스에 물린 후 줄로 톱날 형태대로 톱날을 밀어서 손질한다. 켜는 톱날은 끌을 수직으로 밀고 자르는 톱날은 톱날과 엇매김의 각도대로 끌을 밀기 어려우므로 교체식 날을 사용하는 것이 좋다. 엇매김 날이 왼쪽이 길면 왼쪽으로 나가므로 톱이 나가는 방향을 보고 날을 매길 것이다. 수련과 연습이 필요하다.

톱날의 손질

교체식 톱날

⑥ 톱질

톱질은 톱이 가는 방향대로 살살 켜야 한다. 톱이 옆으로 먹는 것은 톱질이 바르지 않기 때문이다. 톱몸이 틀렸든가, 손잡이가 틀렸든가, 자세가 틀렸든가, 톱날이 틀린 것이다. 날이 바르면 톱도 바로 먹힌다.

개인의 기울어진 자세 때문에 톱이 바르게 먹지 못하므로 습관적으로 몸의 자세를 교정하든가 톱날의 날어김을 개인 습성에 맞도록 틀리게 하여 개인적으로 바르게 잘라지는 톱날을 만들어야 한다.

⑦ 톱날

자르는 톱날 면 날면대로 줄질

켜는 톱날 직각으로 줄질

두꺼운 날

좁은 날

날면을 두껍게 하면 잘 나가나 힘이 많이 든다.
날면을 좁게 하면 늦게 나가나 힘이 덜 든다.

⑧ 톱날의 조정

톱날의 왼쪽을 길게 남기면 왼쪽으로 나간다 (왼톱).

사람에 따라 왼쪽이나 오른쪽으로 균형이 어

날어김 왼톱   날어김 오른톱

굿나 있으므로 왼톱과 오른톱으로 톱을 벼려 쓴다.

(5) 대 패

대패는 다음 사항에 유의하여 골라야 한다.

① 대팻집은 수심이 촘촘히 박혀 있고 심재가 곧은 결로 만들어 나이테가 기울지 않은 것을 고른다.

② 대팻날은 두께가 일정한 것을 고른다.

③ 덧날은 대팻날과 밀착되고 틈이 없는 것으로 두께가 일정한 것을 고른다.

④ 대팻날을 대패에 끼웠을 때 대팻날 틈이 좁은 것, 대패의 틈으로 대팻날이 균등하게 나온 것이 좋다.

⑤ 대팻날의 좌우 홈이 꽉 끼이거나 헐겁지 않은 것이 좋다.

⑥ 대팻날 끝과 대팻집의 홈 간격이 일치하고 덧날도 대팻날과 폭이 비슷해야 좋다.

⑦ 누름쇠가 대팻집 밖으로 튀어나온 것은 손이 아프므로 피해야 한다.

대패를 고른 후 대팻집을 기름(식용유)에 2일 이상 재운 다음 7일 이상 기름을 빼고 대팻집의 바닥 수평을 잡는다.

곡자를 앞뒤 좌우 대각선으로 대어 보고 곧은 대패로 수평으로 깎아 낸다. 이때 대패머리 바닥 부분이 조금 낮게 되도록 한다. 대팻집의 바닥면을 잡은 후에는 대팻날을 갈아야 한다. 대팻날은 숫돌 #800~#1000에 애벌 갈고 #2000에 마무리 간다.

날을 갈기 전에 숫돌을 사포 위에서 평면 잡아야 대팻날의 평면이 잡힌다. 숫돌의 평면 잡기가 중요하다.

평면 잡힌 숫돌 위에 대팻날을 가는데 뒷날부터 내고 앞날을 간다. 숫돌을 물에 10분 이상 담가 물먹은 숫돌에 쪼그려 앉은 자세로 두 손으로 평면각을 유지하고 천천히 전후로 민다.

뒷날이 완전히 갈리면 앞날 각대로 갈고 앞날 각이 뒤로 살짝 넘어오면 앞날 30번에 뒷날 15번, 앞날 20번에 뒷날 10번, 15-8, 10-5, 5-3, 2-1 횟수로 마무리하고 마무리 숫돌로 옮겨 광을 낸다. 마무리 숫돌에 갈아서 광을 내야 날이 잘 무뎌지지 않고 오래 쓸 수 있다.

사람에 따라 그라인더에 앞날의 배를 죽여서 갈기도 하는데 날에 열이 가하여지므로 좋은 방법은 아니라고 본다.

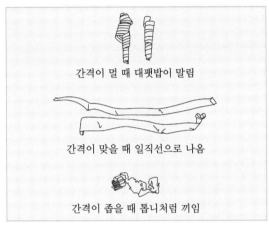

대팻밥

대팻날 홈 메우기

덧날은 거의 손을 대지 않고 사용하는데 덧날이 대팻날과 일치하지 않을 경우에는 덧날의 귀를 구부려 맞춘다.

덧날을 갈아야 할 경우에는 사포 위에 수직으로 덧날을 세워서 간 후 경사각대로 숫돌에 갈아서 사용한다.

덧날 갈기는 쉬운 것이 아니므로 일단 갈기 시작하면 대패질로 수정하면서 갈아야 한다. 대팻날을 대팻집에 먼저 끼우고 덧날을 얹고 망치로 살살 치면서 덧날을 맞추는데 대팻날과 덧날을 머리카락 한 올 정도로 맞춘 후 나무를 대패질하면 대팻밥이 올라온다.

대팻밥이 말리면 어미날과 덧날의 간격이 먼 것이고, 톱니처럼 끼이면 좁은 것이며, 일직선으로 쭉쭉 나올 때 간격이 제대로 맞춰진 것이다.

대패를 손질할 때에는 마음에 들 때까지 갈고 다듬어야 한다. 인내와 끈기가 필요하다.

좋은 연장은 좋은 작품의 기본이다. 좋은 연장은 꾸준한 연마와 노력에 있음을 명심해야 한다.

대패질을 해 가면서 날 간격을 맞추고 나무의 엇결과 순결을 보아가면서 거스러미가 일어나는지, 쪽이 떨어지는지 유의해야 매끈한 대패질을 할 수 있다.

좋은 대패는 큰 힘을 들이지 않고도 대패질이 잘된다.

거스러미가 일어나지 않도록(엇결이 아니라 순결로) 대패질의 방향을 찾는 것이 중요하다. 나무의 결을 찾는 것만 해도 목수의 기본은 갖추었다고 할 수 있다.

(6) 끌

끌도 대패와 마찬가지로 잘 골라야 한다. 끌은 끌날이 중요하다. 끌날은 두께가 치우치지 않고 일정해야 한다.

두께가 다르면 끌을 갈 때 끌이 기울어진다. 끌 자루는 끌과 일직선을 이루는 것이 좋다.

끌을 가는 경우 대팻날 갈기와 동일한 요령으로 갈면 된다. 끌은 앞날의 배를 죽여 그라인더에 가는 것이 쉽고 빠르다.

초보자는 그라인더에 가는 것이 쉽지 않은데 목선반을 해보면 그라인더에 가는 것을 익힐 수 있다. 목선반은 끌 다루는 방법을 숙달하는 데 좋은 기술이다.

뒷날내기를 충분히 한 후 앞날을 각대로 갈고, 앞날이 살짝 넘어오면 마무리 숫돌에 갈아서 광을 낸다. 환끌은 사포나 둥근 숫돌에 갈고 직각끌은 숫돌의 모서리에 간다.

기성 제품으로 좋은 끌이 많이 나오므로 끌을 사서 사용하나 대장간에서 한두 개 정도 통쇠로 만들어 보아 끌의 성질을 터득하는 것도 좋다.

나무에는 결이 있다. 끌질은 나무의 결을 찾아서 해야 한다. 결 방향대로 끌질을 하면 쉽게 잘린다.

힘으로 할 것이 아니라 끌의 날을 잘 벼려서 정확히 때려야 한다.

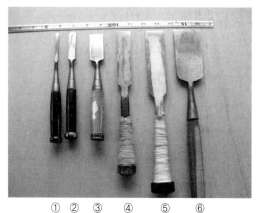
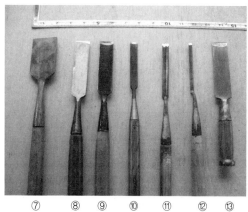

① 3푼 끌   ② 5푼 끌   ③ 1치 끌

④ 1치 통쇠끌   ⑤ 1치 5푼 통쇠끌   ⑥ 2치 끌

⑦ 평면 2치 밀끌   ⑧ 평면 1치 밀끌   ⑨ 곡면 1치 밀끌

⑩ 곡면 5푼 밀끌   ⑪ 곡면 5푼 인두밀끌   ⑫ 곡면 3푼 인두밀끌

⑬ 대원 끌

(7) 사개부리와 수평

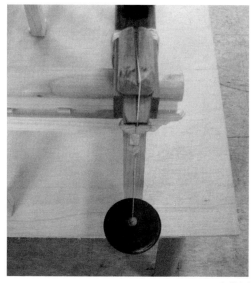

사개부리 다림보기

다림보기

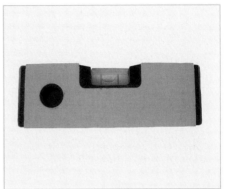
수평계

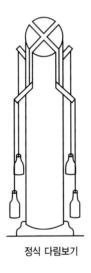
정식 다림보기

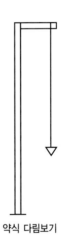
약식 다림보기

(8) 메

대 메

대메치기

소 메   소메치기

(9) 기계 공구

기계 공구는 적은 힘으로 빠르게 작업을 할 수 있는 데 반하여 위험하다. 한 번의 실수는 큰 재해를 가져오므로 사용 시 안전 수칙을 꼭 지키고 절대 무리한 방법의 사용을 금해야 하며 예측하면서 사용해야 한다.

장갑, 소매, 바짓가랑이, 상의 하단 등이 기계 공구에 말리지 않도록 하며 특히 원형 톱과 전동 톱 사용 시에는 절대 장갑을 착용해서는 안 된다. 톱날이 외부로 돌출된 부분이 클수록 특히 유의해야 한다.

기계 공구도 수시로 기름을 쳐 주고 청소해서 관리해 주고 날의 파손 여부와 부품의 교체 시기, 전깃줄 사용 등에도 유의한다.

기계 공구의 분해 결합, 간단한 수리, 날 교체 및 날 갈기도 숙련시켜야 하며, 매뉴얼을 잘 읽고 보관하여 수리, 관리에 만전을 기한다.

① 손밀이 대패 : 평면 가공, 수직 수평의 기준면 가공

② 원형 톱 : 수직 켜기와 수평 자르기, 기준면 잡힌 후 나머지 면 각 잡기

③ 자동 대패 : 판재 각재의 일정 두께 잡기

④ 전동 톱 : 손으로 켜고 자름이 가능한 톱

⑤ 체인 톱, 엔진 톱 : 체인으로 되어 자르기, 겉목 치기, 훑기에 쓰임

⑥ 전기 대패 : 평면 고르기

⑦ 홈대패 : 쌍사, 목기 넣기, 겉목 치기 등 사용 빈도가 많음

⑧ 띠톱 : 켜고 자르기에 유용, 조각하기 쉽게 원형 자르기 등에 사용

⑨ 직소 : 45° 배바닥 치기에 사용

⑩ 루터 : 모서리 치기, 조각 바닥 낮추기

⑪ 각끌기 : 끌구멍 파기, 산지구멍 파기, 창호 제작에 필수적

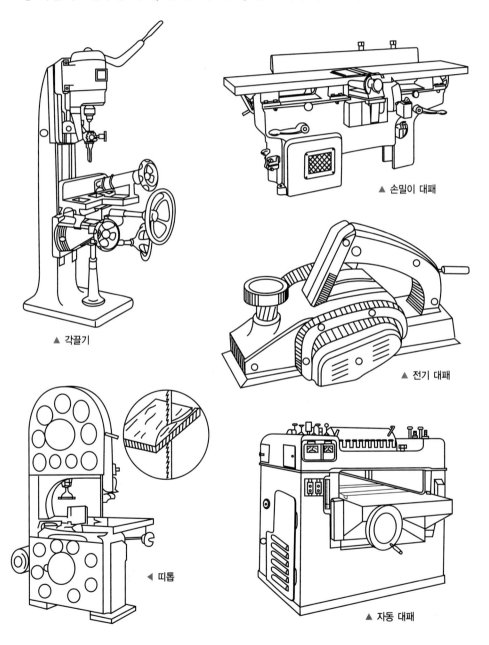

▲ 각끌기

▲ 손밀이 대패

▲ 전기 대패

◀ 띠톱

▲ 자동 대패

치 목

　나무는 줄어들고 틀어지므로 치목 시에는 먹선을 살리고, 조립 시에 완전히 깎는다.

　나무는 시간이 흐르면 마르고 뒤틀리고 갈라지는 변화가 꾸준하다. 따라서 부재의 변화가 적어 결구에 큰 지장이 없는 부재부터 먼저 치목하고, 변화를 예상하여 결구할 때 문제가 적도록 치목하는 것이 중요하다. 또한 정밀성을 크게 요하지 않는 부재와 수량이 많은 것을 먼저 치목하는 것이 좋다.

　나무의 성질에 따라 비와 햇빛을 가릴 수 있고 바람이 잘 통할 수 있는 습기가 적고 건조한 곳에 나무를 보관할 수 있는 치목장도 필요하다.

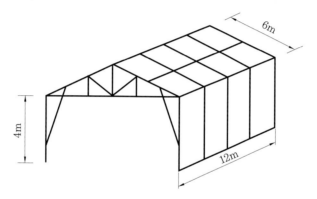

■ 단관 파이프로 골조를 세우고 천막을 씌움(지붕 좌우 벽체)

　연목(서까래), 도리, 보, 추녀, 소로, 익공, 주두, 창방, 장여, 기둥 순으로 치목하고, 마루장과 개판은 켜서 잘 마르게 적재하며, 기타는 조립하면서 치목하면 된다.

(1) 연목(서까래)

　① 수량이 가장 많으며 나무가 변해도 조립에 문제가 없으므로 제일 먼저 치목하나 땅에 닿거나 비에 젖지 않도록 적재하여 바람이 잘 통하도록 층층이 받침목을 끼워 장기 보관할 수 있도록 한다.

　② 지붕의 앙곡과 안곡을 그린 도면에 맞도록 굽은 나무를 골라 치목하면 좋지만 현실적으로는 육송 통나무를 대충 골라서 치목하고 조립 시에 곡대

로 골라서 적절히 돌려가며 평고대에 맞추는데, 가능한 연목 배치도를 그려서 곡을 미리 산정하여 연목의 순서를 결정하여 치목한다.

③ 대충 껍질을 벗긴 연목을 좌판에 올려 원구에 연목의 지름대로 상부와 하부에 두 개의 원을 그리고 말구에는 한 개의 원만 그려 넣는다.

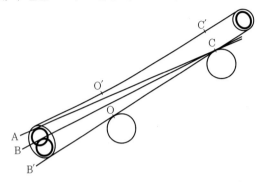

■ 서까래의 최고곡과 최저곡을 사용할 수 있도록 원구에 2개의 원을 그리고 깎아둔다.
AC가 최고곡, BC가 최저곡

AC가 최고곡, BC가 최저곡이므로 AO′C′, B′OC 선으로 둥글게 깎아 놓으면 된다(1~2푼 여유 있게 깎아 놓도록 한다.).

이때 주심도리의 위치와 중도리의 위치는 일정하고 주심도리와 평고대의 위치는 조립 시 평고대에 맞추어야 하므로 주심도리와 중도리 위치는 말구에 가깝게 표시하고 평고대의 위치 쪽으로 길게 남겨 두고 내목의 배를 살려 놓아야 조립 시 곡 수정에 유용하다.

외목 : 내목＝1 : 1.6~1.8

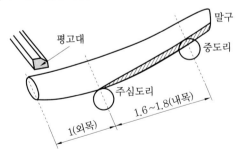

■ 내목의 배를 살려두었다가 평고대에 맞춰 곡을 맞추면서 깎도록 한다.
■ 주심도리와 중도리는 말구 쪽으로 가깝게 한다.
■ 외목을 길게 남겨두어야 평고대에 맞출 때 곡 선택의 폭이 커진다.

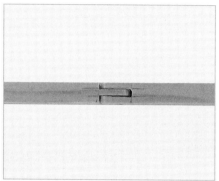

연목자

연목 좌판

④ 서까래의 고정은 과거에는 구멍을 뚫고 연침으로 싸리나무를 꿰어 고정
시켰으나 오늘날에는 연정(못)을 박아 고정시킨다. 전통적으로 서까래는
원구를 아래로 향하게 하고 말구에 연정을 박는다.

나무의 하중이 아래로 쏠리므로 원구가 위로 가게 하여 연정하는 것이
좋을 것 같으나(원구가 튼튼하므로) 서까래의 각도상 수직하중보다 경사하
중으로 연정에 큰 하중이 실리지 않아서 하중보다는 서까래의 곡을 더 중
요시하여 굵은 원구를 아래로 가게 한 것 같다.

⑤ 나무는 껍질 쪽인 변재가 질기므로 변재를 살려주는 방향으로 깎도록 한
다. 변재 부분을 잘못 깎게 되면 나무가 비늘처럼 일어나므로 유의하도록
한다.

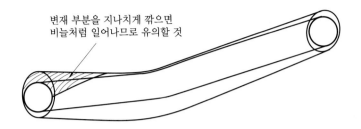

변재 부분을 지나치게 깎으면
비늘처럼 일어나므로 유의할 것

⑥ 굽은 쪽을 등이라고 하고 오목 들어간 쪽을 배라고 하는데, 서까래는 배
를 위로 향하게 하고 등을 아래로 향하게 해야 하중의 버팀이 좋다. 참고
로 보는 등을 위로 가게 한다.

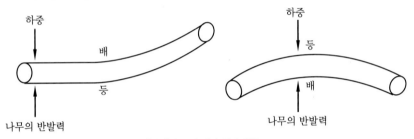

서까래(연목)와 보의 배와 등의 위치

(2) 도 리

① 나무는 변재와 심재, 나이테의 간격, 옹이의
위치에 따라 변화한다. 따라서 나이테가 넓은
쪽이 아래로 가게 깎는 것이 타당한 것 같으나
연정하는 곳이 터져 있으면 약해지므로 터진
쪽이 장여에 접하도록 한다.

나무의 터짐

■ 나무는 중심에서 가까운 쪽이
터진다.

　굴도리는 시간이 지나도 휨보다는 터지는
변화가 크다. 도리는 상부에 위치하여 연목(서

까래)을 받으므로 외부에서 보았을 때 터짐이 없는 부분이 보이도록 위치
시키는 것이 요령이다.

② 납도리는 제재소에서 사각을 치고, 굴도리는 제재소에서 팔각을 대충 쳐
서 가져오는 것이 치목에 유리하다.

③ 도리를 모탕 위에 위치시키고 수직을 본 다음 수평 먹을 친 후 수평 먹줄

을 기준으로 곡자를 대고 먹칼로 둘레 먹을 그리고, 양 마구리를 절단하거나, 아스테이지를 마구리에 감아 둘러서 둘레먹을 그린 후 양 마구리를 절단한다.

④ 양 마구리를 수직 절단한 도리의 양 마구리에 십반먹을 놓는다. 십반먹이 기준선이므로 표시를 정확히 해 두어야 한다.

수직 절단 먹은 하부 수평 먹선을 놓은 후 좌우 수직 먹선을 세우고 상부 먹선은 좌우선을 연결한다. 결구 시에 하부부터 결구하므로 기준 먹선은 하부 수평 먹선이다.

한옥은 아래에서 위로 결구되므로 대부분의 부재는 하부가 기준이 되나 추녀의 사래결구 부분, 기둥과 동자주의 도리와의 접점, 연목의 평고대의 접점 등은 상부가 기준이 된다. 즉, 먹선은 기준 먹선이 어디인가를 알아야 하며 이는 결구의 방법에서 결정된다.

⑤ 십반먹에 곡자를 45°로 대어 45°선을 그리면 8각이 된다.

⑥ 8각의 한 변에 꼭짓점에서 2r/10 지점을 표시하고 연결하면 32각이 되고, 각만 죽이면 64각원이 되어 굴도리가 되는데, 이때 굴도리를 정확히 깎는 방법은 꼭짓점을 먹선으로 쳐서 수직으로 깎아내는 것이다.

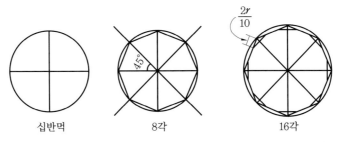

십반먹   8각   16각

⑦ 먹선을 살려두고 습기와 비에 젖지 않도록 사이사이에 고임목을 고여 바람이 잘 통하도록 보관하였다가 조립 전에 잘 다듬은 후 숭어턱 자리를 따고 왕지 또는 나비장으로 연결하거나 띠철로 못 박아 조립하면 된다.

⑧ 주심도리의 길이는 기둥 중앙에서 중앙까지, 왕지도리와 뺄목도리는 기둥 중심선에서 도리지름의 1.5배를 더 빼주고, 박공 부분에서는 2~3자까지 뺄목을 더 길게 빼기도 한다.

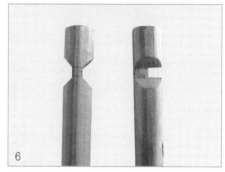

1. 도리숭어턱 따기
2. 나비장 결구 전
3. 나비장
4. 띠철 보강
5. 왕지도리
6. 왕지도리와 뺄목도리는 중심선에서 도리지름의 1.5배
7. 박공도리 뺄목은 판대공에서 2~3자 빼거나 외진주에서 1자 안으로 들어간다.

(3) 보

① 목재의 등이 위로 가도록 모탕 위에 위치시키고 수직을 본 후 수평 먹을 쳐서 양 측면을 켜내는데, 통상 제재소에서 양 볼을 켜서 목재를 들여오므로 등이 위로 가게 모탕 위에 놓고 수직을 본 후 수평 먹을 두어 십반먹을 놓는다.

② 기둥이 결구되는 부분은 기둥 부위에 접하는 보바닥이므로 보목의 기둥 결구 부분만 수평 먹을 놓고 다른 부분은 나무의 형태를 최대한 살려 두는 것이 자연미를 살려 보기에 좋다. 등이 위로 휘고 배가 들어가 보이면 배를 별도로 후릴 필요가 없으며 시각적으로도 안정되어 보인다.

③ 보머리 부분은 보목의 중앙에서 퇴보를 기준으로 목수에 따라 도리뺄목만큼 또는 기둥 지름의 1.2~1.5배 길게 뺀다. 보머리는 1/10로 경사를 주고 보꼬리는 기둥 지름의 2/5 정도로 장부를 만들고 상하 산지구멍을 판다. 퇴량과 대량의 하부 산지구멍은 반드시 높이가 같게 파야 기둥에 미치는 하중이 같아 찢어짐을 방지하며, 상부 산지구멍은 각각 균형을 맞추어 파면 된다.

산지는 나무가 말라도 빠지지 않도록 각 산지를 쓰는 것이 좋다. 산지는 부재의 빠짐을 방지하기도 하지만 부재를 끌어당겨 밀착시키는 역할도 한다. 산지구멍이 8푼이면 들어가는 구멍은 외부 1치에서 경사지게 파서 내부 8푼으로 하여 산지를 박을수록 기둥으로 끌어당겨 밀착되도록 한다. 산지구멍을 송곳을 이용하여 원형으로 뚫은 원형 산지를 많이 쓰는데 이는 잘못된 것으로 각 산지를 사용해야 나무가 뒤틀려도 빠지지 않는다.

④ 보목은 기둥에 끼이는 부분은 먹선을 죽여서 살살 들어가 끼워지게 깎고, 주두자리는 주두를 엎어 그랭이 뜨고 주두 높이만큼 깎아준다.

게눈각은 아스테이지에 그려서 같은 모양으로 깎아주는데, 게눈각의 높이는 도리 중심선과 같거나 5푼 정도 높게 하면 되고, 보의 등은 도리 중심보다 5푼 낮게 시작하여 굴려주면 된다.

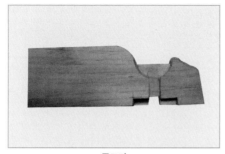

굴도리

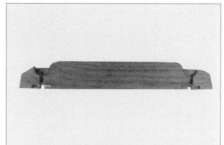

굴도리

민굴도리

민도리

반턱장여

반턱장여 결합

산지구멍

산지구멍 확대도

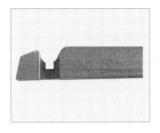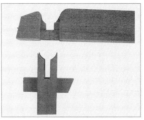

숭어반턱따기

숭어턱은 기둥 굵기에 따라 기둥 지름의 2/5 정도로 한다(기둥 ϕ 100이 면 40).

보는 나무의 질과 주칸의 길이에 비례한다. 보통 주칸 1자에 보높이 1치의 30~60% 할증을 준다. 즉, 주칸 10자이면 보높이 1자 3치~1자 6치 정도이다. 보폭은 기둥과 같거나 20~30% 할증을 준다. 즉, 기둥 9치이면 퇴보폭은 9치~1자, 대량폭은 1자 2치 정도이다.

(4) 창 방

① 창방은 기둥과 기둥을 연결하여 고정시키고 지붕 하중을 나누어 받아주는 부재로서 주심 창방은 기둥에 끼워진 익공에 맞대고 기둥에 주먹장으로 끼워져서 기둥을 고정시키고, 귀창방은 전후 반턱으로 교차되어 주먹장으로 고정된다.

② 주심 창방은 좌우 주먹장으로 연결되고, 귀창방은 익공과 주먹장으로 연결된다.

③ 창방은 반깎기로 마무리한다.

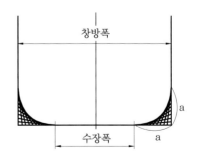

창방 반깎기

④ 창방 위는 중심에 먹을 놓고 일정 간격으로 축을 박아 소로를 끼우고 장여를 받는다. 방 쪽에는 소로봉을 끼워 공기를 차단한다.

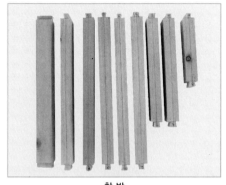
창 방

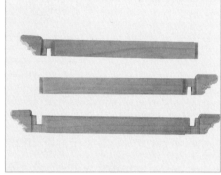
귀창방

평창방 맞춤

귀창방 맞춤

(5) 장 여

① 장여는 가로가 기둥의 1/3 정도인 직사각형 부재로서 도리 밑을 받쳐서 하중을 분산시키고 소로에 끼워져 창방 위에 존치한다. 가로, 세로의 비는 3 : 6~3 : 7이다.
② 장여는 창방이 없을 때는 기둥과 주먹장으로 연결되어 창방 역할을 하기도 하며, 인방을 별도로 넣지 않을 때에는 상인방의 역할을 겸하기도 한다.
③ 초익공에서 장여는 주두 위에서 반턱 따서 주먹장으로 연결되고 보에 반턱 물려 고정된다.

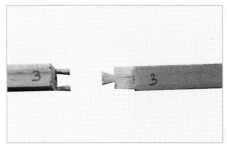 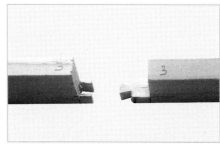

④ 장여 위는 홈대패로 오목하게 깎아 굴도리를 받치고 틈이 보이지 않게 하여 공기의 흐름을 차단한다.

⑤ 장여는 수장재와 왕지 등의 기준이 된다.

⑥ 장여의 등도 하중을 받도록 위로 가게 한다.

(6) 주두와 소로

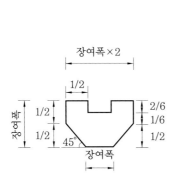 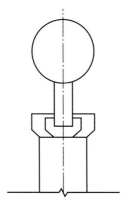 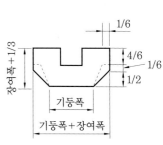

주두바닥=기둥폭

- 소로바닥=장여폭=30
- 소로굽높이=소로바닥의 1/2=주두굽높이=30×1/2=15
- 소로굽에서 장여바닥=장여폭의 1/6=주두굽에서 장여바닥=5

주두와 소로는 평면이 정사각형인 부재이며 도면을 그려서 최적의 비례를 찾아 깎아야 한다. 주두와 소로는 촉을 박아 고정하는데, 주두는 익공자리에 홈을 파서 익공을 물고 있게 하고 보와 장여를 끼워지게 하여 고정시켜 주며, 소로는 장여를 받아 안정시켜 준다.

방에서 소로는 소로봉으로 공간을 막아 준다.

때로는 소로봉을 통으로 넣고 쪽소로를 붙이기도 하고 장여와 소로봉을 붙여 함께 깎아 붙이기도 한다.

소로봉 끼운 모습

장여와 소로봉을 함께 깎은 모습

소로는 숫자가 많아서 직선 부재에 홈대패로 소로 홈을 먼저 파고 바닥 좌우를 45°로 쳐낸 다음 폭만큼 45°로 잘라내면 쉽게 만들 수 있다.

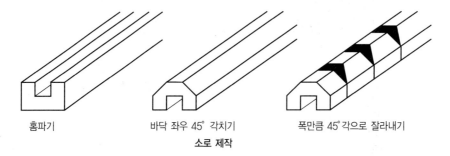

홈파기   바닥 좌우 45°각치기   폭만큼 45°각으로 잘라내기

소로 제작

(7) 익 공

익공은 기둥에 끼여서 기둥을 앞, 뒤로 물어주어 기둥의 쪼개짐을 방지하고 보의 하중을 받아 분산시켜 기둥으로 흡수하게 하는 역할을 한다.

익공의 높이는 창방과 같으며 기둥 전후의 잡아주는 부위는 기둥에 끼이는 부분보다 5푼 턱을 주어 창방을 끼울 때 기둥이 쪼개지지 않고 꽉 끼이도록 하는 일을 한다.

익공을 기둥에 끼울 때에 좌우 옆구리는 먹을 죽여 살살 끼워 들어갈 수 있도록 하고 전후는 먹선을 타서 기둥에 접하도록 한다. 물론 치목 시는 먹선을 살려 두었다가 조립 시에 완전히 깎는다.

익공은 기둥을 물어 주고 보 받침의 역할을 하지만 초익공에서는 기둥을 물어 주고 보를 받치는 이외에 주두를 받고 주두가 이탈되지 않도록 주두에 끼워진다.

익공의 전후는 보머리와 보몸에 은못으로 체결되어 뒤틀림을 방지한다. 익공 전반부는 보머리의 길이보다 3치 정도 길게 빼 주고 보몸 받침부인 후반부는 전반부보다 1치 정도 길게 한다.

익공은 전반부는 뱃바닥 모양으로 깎고 후반부는 사절한다. 초익공은 물익공이나, 앙서, 수서로 하고 당초문이나 연화문으로 조각한다.

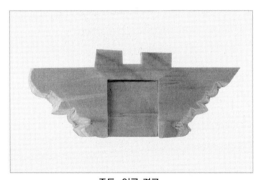

주두, 익공 결구

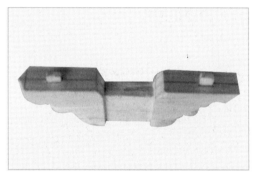

익공에 은못

주두가 익공을 물고 있는 모습

익공 기둥 연결 후 창방 결합 모습

❀ 한옥 짓기 ❀

우리나라는 인구가 적고 사농공상이 분명하여 권세를 가진 세도가들이나 사원, 사당, 관가, 궁궐 등은 여러 명의 목수들을 고용하여 집을 지었다. 그러나 일반 서민들은 돈이 적게 드는 방법으로 주변의 재료들을 최대한 활용하여 직접 집을 지었다.

지금도 마음만 먹는다면 스스로 집짓기가 가능하다. 산돌과 나무를 이용하여, 흙에 짚을 섞어 집을 짓는 경우 큰 돈이 들어가지 않는다.

한옥이 비싸다고 하지만 한옥이야말로 얼마든지 값싸고 실용적으로 지을 수 있다. 초가삼간 집을 스스로 지을 경우에 손바닥만한 땅만 있으면 몇천 만원 정도로 충분히 지을 수 있다. 하지만 그 가치는 구들방에 흙벽, 나무집이니 말할 수 없이 귀하다.

작업 과정에서 자신의 손맛을 즐기며 할 수 있으니 취미 생활로도 적격이다. 현대의 콘크리트 집이나 서양식 목조 주택과는 비교할 수 없다. 한옥에는 폐기물이라는 것이 없다.

나무를 조각할 때 살아 숨 쉬는 맛을 느끼며 자신의 손 맵시와 취향에 따라 얼마든지 멋을 낼 수도 있다. 필자는 매끄럽게 잘 다듬은 것보다 나무의 자연미를 최대한 살리고 맞춤이 정교한 손맛을 좋아한다.

나무를 가공하다 보면 심신이 안정되고 스스로 정화됨을 느껴 여유로워지며, 마음까지 풍요롭고 건강해져 밤새워 깎아도 피곤한 줄 모른다.

어느 정도 안정적으로 재력을 모으면, 한옥 짓기는 여가 시간을 활용하는 경우나 은퇴 후 취미 활동으로 적합하여 건강한 하루하루를 살아갈 수 있도록 해 준다. 시간 가는 줄 모르고 즐길 수 있고 건강을 지킬 수 있으며 생산적인 일이다.

제 **3** 장

조 립

집터 정하기

　배산임수 지형에 동남 방향이면 만족하지만, 물을 다스리는 일이 쉽지 않으므로 임수는 주의를 요한다. 지구 온난화로 추위보다는 더위를 이기는 지혜가 더욱 중요하므로 집의 방향은 동남 방향이 좋다. 동쪽에서 태양이 일찍 떠올라서 정오 때쯤 그늘지기 시작하니 오후 2시의 뜨거운 태양을 피할 수 있어서 좋다. 수맥을 피하여 실로 집 평면을 대략 정하고 굴삭기로 외벽 둘레를 파는데 주초 자리는 3자 이상, 그 외 둘레는 1자 이상으로 파서 지정하든가 콘크리트를 부어 기초를 확립한다. 이때 물수평으로 주초 자리의 수평을 어느 정도 보아 놓으면 초석을 위치시키고 그랭이를 뜰 때 쉬워진다. 기초가 튼튼해야 벽체에 금이 가지 않고 집이 기울어지지 않는다.

　기초가 굳어지면 도면대로 먹을 치든가 실로 주초 자리를 표시한다. 기초는 지표면의 습한 정도에 따라 최소 5치 이상 북을 주어 습기를 방지하고 부연보다 안으로 들어가야 낙숫물이 기초 위로 떨어지지 않는다. 북쪽을 남쪽보다 조금 낮도록 층지게 기초를 확립하면 북쪽의 찬 공기가 남쪽으로 이동하여 집이 시원해지므로 약간 단차지도록 기초를 형성하는 것도 요령이다.

　마당에는 잔디를 심지 말고 자갈을 깔아 빛의 반사로 간접 조명을 유도하고 소나무 한 그루쯤 심으면 좋을 것이다. 조경은 집 주인이 꾸준히 가꿔 나가야 한다.

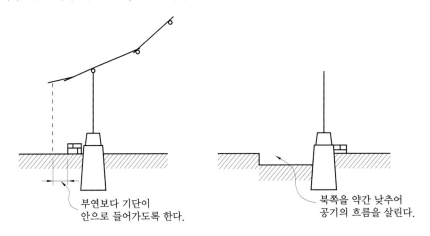

부연보다 기단이
안으로 들어가도록 한다.

북쪽을 약간 낮추어
공기의 흐름을 살린다.

기초는 구배가 밖으로 물이 빠지게 약간 경사짐이 좋다. 덤벙주초를 놓을 때도 낮은 쪽이 밖으로, 높은 쪽이 안으로 향하게 위치시켜 물이 밖으로 흘러내리게 한다.

도면대로 정확한 거리에 주초를 배치하고 물수평을 본 후에 십반먹을 친다. 물수평은 호스 안에 기포가 들어가지 않도록 하고 각 주초의 수평 높이를 최저점으로 구하여 기준점보다 높으면 −, 낮으면 +를 기록한다.

이 +, −가 기둥의 그랭이발이 된다. 나무 기둥의 기준선에서 −이면 위로 올라가 전체 기둥 길이가 줄어들어서 주초와 합치면 길이가 같아지게 되는 것이다.

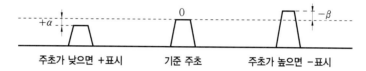

| 주초가 낮으면 +표시 | 기준 주초 | 주초가 높으면 −표시 |

※ +, −표시는 기둥의 길이를 늘리고 줄이라는 의미

 기둥 세우기

(1) 기둥 치목

① 각주

제재소에서 사각쳐서 가지고 온 각주를 모탕 위에 놓고 수평을 본 후 십반먹을 놓는다. 십반먹을 기준으로 정사각형을 원구와 말구에 그린다. 민흘림을 주고자 할 경우는 말구에 원구보다 1치 작은 정사각형을 그린다. 원구와 말구의 정사각형을 연결하는 먹선을 쳐 가면서 대패로 깎는다. 전기 대패로 깎은 후 마무리를 손대패로 하면 효율적이다. 전기 대패는 손잡이를 우측으로 돌리면 두껍게 깎이고 좌측으로 돌리면 얇게 깎인다. 깎기는 감을 잡고 처음에는 두껍게 깎다가 먹선에 가까워지면 점차 얇게 깎아서 먹선을 살려야 한다. 최종 마무리는 손대패로 하여 매끈하게 다듬는다.

먹선을 정확하게 다시 치고 치목선대로 사개를 딴다. 사개를 딴 안쪽에도 먹선을 그리고 곡자를 대서 수평과 수직을 확인하면서 먹선대로 정확히 치목한다. 치목이 끝나고 기둥 표면이 지저분하면 손대패로 얇게 대패질하고 치장먹선을 최종적으로 놓는다. 쌍사를 놓는다든가 모를 접고자 하면 이때 홈대패를 사용하여 쌍사를 놓고 모를 접는다.

기둥은 원구와 말구가 바뀌면 안 된다. 나무의 상하는 옹이를 보고 판단하는데, 옹이의 호랑이 눈 형태, 나이테의 좁음과 넓음, 시간이 지나면서 변화한 모양을 보고 판단한다. 시간이 지나면 나무가 마르는데 옹이는 변화가 적다. 나무가 마르면 말구가 원구보다 많이 줄어들므로 말구 쪽의 옹이가 튀어나와 보인다.

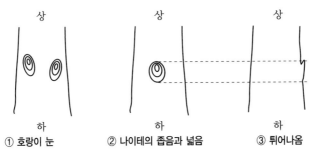

① 호랑이 눈 ② 나이테의 좁음과 넓음 ③ 튀어나옴

치목이 완료된 기둥은 주초의 그랭이발을 계산하여 기둥의 기준 길이에 그랭이발만큼 더 주고 잘라 둔다. 완성된 기둥은 사개에 합판을 박아 사개의 변화를 방지하고 적재해 둔다.

② 원주

원주의 치목은 도리와 같다. 사개를 그리고 먹선대로 정확히 깎는다. 사개의 안쪽도 먹선을 그리고 자를 대 보면서 정확히 깎는다. 수직과 수평, 좌우 대칭으로 자를 대며 유의해서 깎아야 한다. 정밀하게 깎을수록 조립이 정확해진다. 그랭이발은 각주와 동일한 요령으로 주고 사개에 합판을 박아 적재해 둔다.

③ 수장구멍

수장구멍도 미리 파두는 경우가 많다. 나무가 변화해도 조금만 수정하면 되므로 큰 문제가 없다(벽에 가려지므로 보이지 않음). 조립 후 수장구멍을 파려면 노력이 더 든다. 수장구멍을 미리 파둘 경우는 각재를 박아서 변화를 적게 생기도록 한다. 조립 직전에 대량과 퇴량을 고정시키는 산지구멍을 판다.

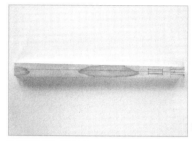

각주 치목

각주 사개트기

사개에 합판 박아 보관

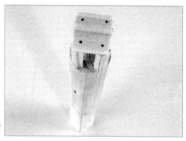

사개 합판 부착 보관

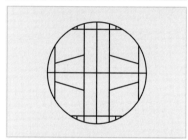

원주 치목

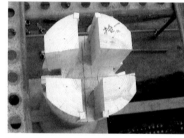

원주 사개트기

다림보기

탕개틀기

부목대기

하인방구멍 미리 파기

(2) 기둥 세우기

기둥 세우기는 귀 기둥부터 세우고 가운데는 보류칸으로 마지막에 조립한다. 정밀하게 작업하더라도 오차가 생기기 쉬우므로 보류칸에서 맞춘다. 기둥 세우기는 주초의 십반먹과 기둥의 십반먹을 일치시키고 다림을 보아 수직을 유지한 후 그랭이를 떠서 그랭이 선대로 그레발을 잘라낸 후 다시 세워서 수직 다림을 본다. 좌측부터 우측으로 반시계 방향으로 돌아가면서 기둥을 세운다. 그랭이 뜬 기둥은 자체로 수직으로 선다.

1. 다림보기
2. 그랭이 기초
3. 그랭이 뜨기
4, 5. 고임목 고정

익공 조립

(1) 익공 치목

 가치목해 둔 익공을 기둥에 조립할 부분을 정치목하여 따낸다. 익공이 틀어
져도 기둥 조립 부분만 수직으로 치목하면 기둥 조립에 아무런 문제가 없다.
익공의 상부도 수평으로 다시 깎는다. 가치목 시 익공은 조각만 해 두고 기둥
조립 부위는 치목하지 않고 남겨 둔 상태이며 익공 상부도 여유를 남겨 두었
음에 유의한다. 수평이 된 상부에 먹을 놓고 보와 결합될 부분에 은못 자리를
따낸다.

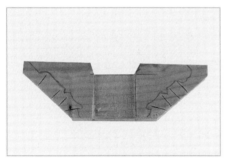

익공 그리기와 **톱금 넣기**

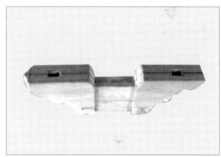

익 공

은못 자리

익공, 주두, 소로

(2) 익공 결합

 치목 완료된 익공을 기둥에 끼운다. 기둥에 끼우는 부분은 먹선을 죽여 살살
끼워도 잘 들어가도록 한다.

(3) 익공 조각의 요령

① 배바닥(그무개로 중앙선 그리기) · 45° 치기(각도) · 오목 부분 톱금 넣기 · 끌로 쏟아지지 않게 깎기
② 표면 조각(원형 때리기, 선 따라 칼금 내기, 루터로 바닥 낮추기)
③ 마무리 다듬기, 음영선 넣기

 ## 창방 조립

창방도 좌우 측면만 치목한 후 보관하였다가 조립 직전에 상하부를 깎고 주먹장을 치목하여 변화를 최소화함이 좋다. 주먹장은 2~3푼 불려 깎아 빡빡하게 끼이도록 한다. 중앙 창방은 보류칸으로 창방 조립이 완료된 후 실측해서 치목하여 정확성을 높인다. 귀창방은 익공 조각 부분이 떨어질 수 있으므로 테이프로 감아서 조립하여 떨어짐을 방지한다.

창방 조립 시에는 좌우 기둥의 연결 부분을 동시에 때려 박아 수평을 유지하면서 박도록 한다. 창방 조립이 완료되면 창방 위에 일정 간격으로 소로를 배치하는데 소로와 창방에 촉을 박을 수 있도록 촉 구멍을 드릴로 뚫는다.

 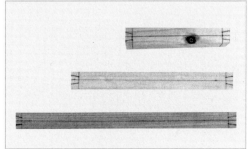

창방

 ## 주두와 소로의 조립

주두는 기둥 위에 놓여 익공에 끼이고, 소로는 창방 위에 촉을 박아 고정된

다. 주두와 소로는 마구리가 좌우로 가게 배치한다.

주두가 익공 자리에 끼이는 부분은 사절로 5푼 따내서 끼우고 소로봉이 연결되는 부분은 직절한다.

소로봉을 길게 해서 통으로 주두와 주두 사이를 연결하고 편의상 쪽소로를 붙이기도 한다. 방은 소로봉으로 주두와 소로, 소로와 소로의 공간을 막고 대청은 공기가 통하도록 뚫리게 그냥 둔다.

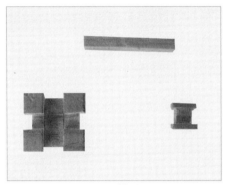

주두, 소로봉, 소로

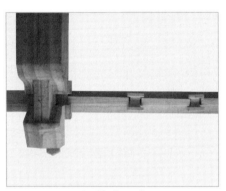

소로봉 결구 모습

 ## 장여의 조립

홈대패로 장여 도리 자리 파기

굴림대패로 도리 자리 다듬기

장여는 상부에 도리를 받으므로 홈대패로 상부를 오목형으로 판다. 장여는 주두 위에 끼여서 반턱 따서 주먹장으로 장여끼리 결합되고 보의 숭어턱으로 눌러서 고정되며 소로 위에 얹힌다.

장여는 왕지장여를 짜서 틀어짐을 방지하기도 하고 통장여로 보내기도 하며 반턱으로 맞추기도 한다.

왕지장여 조립 시 장여 틀어짐을 방지하기 위해 사진처럼 짠다.

왕지장여

 보의 조립

(1) 대량 조립

고주에 대량을 끼우고 보목의 하부 장여 자리를 따서 주두 위에 얹는다.

(2) 퇴량 조립

고주에 퇴량을 끼우고 보목의 하부 장여 자리를 따서 주두 위에 얹는다. 대량, 퇴량을 산지를 박아 고정시킨다. 대량과 퇴량의 산지의 위치는 기둥의 구멍 쪼개짐을 피하기 위해 하부 산지구멍은 수평이고 상부 산지구멍의 위치만 높이가 층지게 한다.

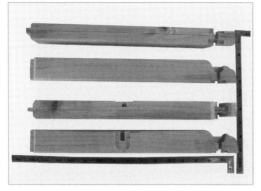

대 량

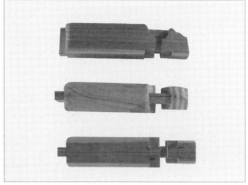

퇴 량

(3) 측량 조립

고주에 측량을 끼우고 보목의 하부 반턱을 따서 장여와 주두 위에 얹는다.

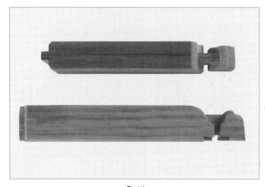

측 량

(4) 충량(배후림 측량) 조립

대량의 충량 연결 부위에 충량 몸통 자리와 주먹장 자리를 치목한다. 따낸 자리에 충량을 내려 맞추고 보목의 하부 장여 자리를 따서 주두 위에 얹는다.

보머리와 보몸의 익공 연결 부분은 은못 자리를 파서 은못으로 익공과 연결 한다.

보는 무거워서 협동 작업이 필요하고 체인 블록 등을 활용해서 끼워야 한다.

보는 주두에 얹는 부분과 기둥에 끼이는 부분만 수평이 유지되면 몸통 부분은 높이가 상이하여도 보 위의 동자주나 판대공에서 높이를 맞추므로 문제가 없다.

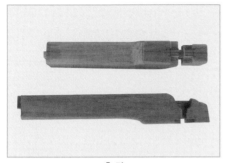

충 량	대량의 충량 연결 자리

 도리의 조립

도 리

도리 놓기	도리 놓은 후

도리는 장여와 잘 맞물리게 보의 숭어턱 자리를 정확히 따내고 놓으면 된다. 이는 조립이라기보다는 그냥 위치에 놓는 것이라고 할 수 있다. 도리와 도리는 나비장으로 연결하는데 세월이 흐르면 나비장은 빠지거나 줄어서 취약해지므로 최근에는 띠쇠를 대고 못을 박아 연결한다.

왕지도리 부분은 반턱 따고 조립하는데 조립 시 왕지뺄목 도리 부분이 깨어져 떨어지기 쉬우므로 테이프로 감싸서 깨어지지 않도록 유의하여 박는다. 띠쇠에 못을 박을 때는 못 구멍을 엇나게 하여 쪼개짐을 피한다.

왕지도리 도구

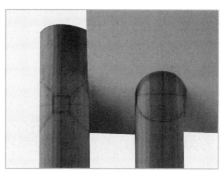
왕지도리 그리기

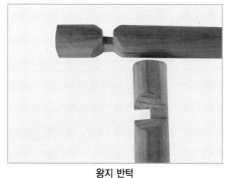
왕지 반턱

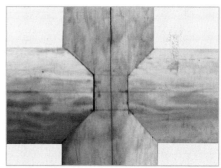
왕지 결구

• 나비장의 쐐기

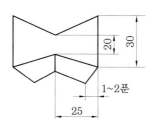

회첨부에서 보와 도리의 조립

회첨부에서는 보머리가 절단되어 보목만으로 기둥에 끼이며 이때는 산지를 박아 고정시킨다.

보목은 약해 보여도 기둥과 연결되므로 절대 부러지지 않는다. 오히려 보몸이 부러지는 경우가 없도록 튼튼한 보를 찾아야 한다. 도리는 보와 맞도록 연귀로 깎아 맞추거나 홈파고 끼우기도 한다.

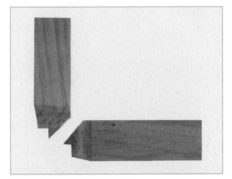

회첨 보 연귀

회첨 보 연귀 맞춤   회첨 도리 맞춤

 동자주

(1) 동자주

종량을 조립하기 위해서는 대량 위에서 고주와 높이를 맞추기 위해 동자주를 설치한다. 종량뿐만 아니라, 단차가 지는 곳에 동자주를 위치시켜 수평을 맞추는 것이 조립의 기술이다.

상이한 대량의 상부에서 고주와 수평을 맞추는 일은 까다로운 일이지만 수평줄을 놓고 동자주를 위치시킨 후 그랭이 기법으로 간단히 수평을 맞출 수 있다.

대량 위에 수평줄을 팽팽하게 놓고 동자주 놓을 곳에 그랭이발을 기록한 후 동자주에 그랭이발을 계산하여 수직으로 위치시킨 다음 그랭이를 떠서 치목하여 앉히면 동자주들이 간단히 수평이 맞게 된다.

대량뿐만 아니라, 측량이나 충량 위에 동자주가 설 수도 있다. 동자주의 쓰임은 매우 유용한 기법이다. 동자주는 짧기 때문에 사개 트고 나머지가 얼마되지 않아 쪼개지기 쉽다. 쪼개짐을 방지하기 위해 동자주의 사개를 반턱으로 따고 창방을 결합한다. 이때는 창방 주먹장도 반턱으로 치목하여 쪼개짐을 방지한다.

동자주

동자주 종류

동자주 반턱 주먹장으로 쪼개짐 방지

반턱 주먹장 맞춤

(2) 동자주의 고정

보는 넓고 하중을 가장 많이 받으므로 촉을 박지 않고 동자주를 그랭이 떠서 얹어 보의 약해짐을 방지한다(대량에서는 절대 금지, 종량 위 판대공은 은못으로 고정).

판대공은 은못으로 고정하는데 도리 위에서는 판대공의 하부를 굴려 얹는다.

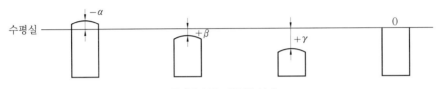

동자주 수평 그랭이발 보기

동자주 수평 보기

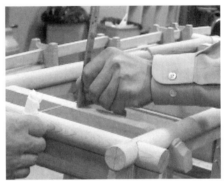

동자주 높이 재기

동자주는 결구 부재 위에 그랭이를 얹거나, 촉을 박아 고정하든가 또는 은못으로 고정시킨다.

종량보 조립

고주와 동자주를 연결하는 종량을 조립한다. 고주와 동자주에서 동시에 메로 쳐서 끼운다. 종량 밑에 창방과 장여를 먼저 끼워서 하중을 분산시키기도 한다.

대량과의 높이에 따라 보목을 곧은장으로 하는 민굴도리 형식이나, 주두 위에 얹는 초익공 형식으로 하기도 한다.

민굴도리 종량

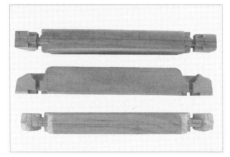

초익공 종량

 대 공

　종량보 역시 등을 위로 향하게 하고 자연미를 최대한 살려서 조립하므로 등이 수평이 되지 않는다. 대공을 세우려면 전기 대패로 살짝 밀고 물수평을 보거나 실을 놓고 그랭이발을 주어 대공을 세운다.

납도리 판대공　　　　　　　　　　　굴도리 판대공

대공의 종류는 동자대공, 판대공, 화반대공 등이 있으나 민가에서는 동자대공이나 판대공으로 한다.

(1) 동자대공

동자주를 세우는 요령과 같다. 높이에 따라 익공, 창방, 주두, 장여, 도리의 초익공 형태로 하기도 하지만 주로 장여, 도리의 민굴도리의 형태를 많이 사용한다.

(2) 판대공

민가 대공으로 가장 많이 사용하며 나무를 옆으로 누여서 층층으로 은못을 연결하여 사용한다. 옆으로 누이는 이유는 넓은 나무가 귀하기도 하지만 보의 방향과 같아서 시각적으로 안정적으로 보이게 하기 위함이다.

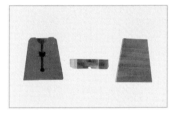

판대공

판대공에 끼이는 소로는 창방 하부는 대접소로, 창방 위는 길게 만든 소로로 판대공을 관통하여 장여를 받쳐서 조립한다. 장여는 주먹장으로 끼우고 도리를 얹는다. 도리는 숭어턱 따서 얹고 나비장이나 띠철로 연결한다.

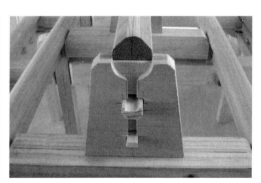

반턱 장여

판대공 숭어턱

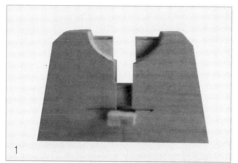

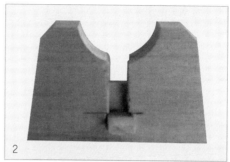

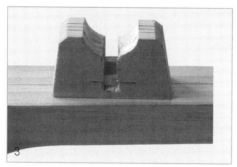

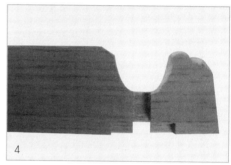

1. 판대공 장여 자리 파기
2. 판대공 통쳐내기
3. 판대공 숭어턱 쳐내기
4. 통도리 보내기 위해 보 숭어턱 쳐내기
5. 통도리 보내기
6. 판대공 하부 굴리기
7. 판대공 설치

(3) 측면 판대공의 장여와 도리

　좌우 측면 판대공의 장여와 도리는 박공 자리의 처짐을 방지하기 위하여 판대공 장여 부위를 반턱 따고 장여 하부를 반턱 따서 업을장으로 걸쳐 대고 도리의 판대공 숭어턱 부위를 홈파서 통으로 넘기거나, 판대공의 숭어턱을 아예 쳐내고 도리를 통으로 건너 대기도 한다.

　장여 자리 반턱 딸 때는 물고 들어가게 파주면 장여와 결구 시 틈이 보이지 않는다. 박공을 연결하는 부위의 창방, 장여, 도리는 2자에서 3자까지 빼기도 하므로 처짐에 유의해야 할 것이다.

　팔작집에서는 측면 서까래 위에 받침을 세워 문제없으나, 박공집에서는 처짐에 특히 유의하여야 할 것이다. 판대공 장여 자리를 완전히 따내고 통장여를 넣고 통도리를 건너가게 하기도 한다.

　중앙의 판대공 장여 연결을 상량이라 한다. 상량은 구조 부분의 종결을 의미하고 상량식은 집 짓는 데 참가하는 목수를 비롯하여 모든 종사자와 마을 주민들이 함께 모여 먹고 마시며 잔치를 하는 자축연을 말한다. 상량식은 그 동안의 목수의 노고를 치하하는 자리이다. 건축주는 상량문에 안녕과 번영, 무운을 기원하는 문구를 넣어 장여 안에 담아 보관한다.

대공 뺄목과 뺄목 받침대

추녀 치목

 한옥의 멋은 지붕 곡선에 있다. 지붕 곡선은 추녀에 의해 결정된다. 추녀 네 개만 가지면 집을 짓는다는 말처럼 추녀를 구하기가 어렵다. 굵은 부재가 적절히 굽어 있는 나무는 드물다. 수입 나무는 직재는 있으나 곡재가 없다. 추녀감의 굽어 있는 굵은 소나무(우리 산에만 있는 귀한 나무)는 수없이 산을 오르내리고 강을 건너서 겨우 찾을 수 있다.

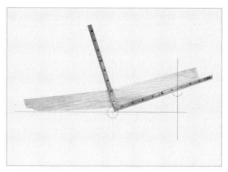
추녀곡 160

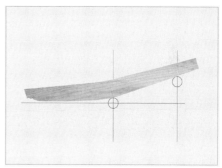
추녀 물매

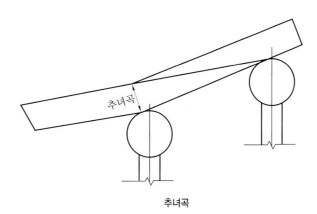
추녀곡

집의 크기	추녀곡	경험치
20평 이하	120~140	90~110
30~50평	140~160	120~140
큰 집	200~230	200

추녀는 곡(앙곡)이 중요하다. 추녀곡은 목수의 오랜 경험으로 축적되어 대략 경험치로 귀결되는데, 연목치수(60)+갈모산방(70)+여유치수(20)=추녀곡 (150)이다. 이는 선자연이 연목보다 2치 정도 크므로 선자연(80)+갈모산방 (70)=추녀곡(150)이며, 연목(60)+도리(100)−10=150이다. 즉, 추녀곡은 연목, 도리, 갈모산방 등을 고려한 것으로 보인다.

추녀곡은 추녀 물매를 장연 물매보다 3치 정도를 줄여 추녀에서 물의 흐름을 감소시키는 스크루 효과를 가져온다.

추녀의 길이=(중심 장연 외목 길이+경험치)×$\sqrt{2}$+평고대 폭+추녀코

30~50평 정도의 한옥에서 안곡은 140(1자 4치) 정도 주는데, 이는 중앙 연목 외목 길이의 1/3~1/4 정도와 같다.

추녀 끝은 게눈각을 파고, 부리는 약간만 주고, 끝은 1/10로 사절한다.

중도리 부분은 띠철로 둘러서 도리와 함께 감아 내려 연정으로 고정한다.

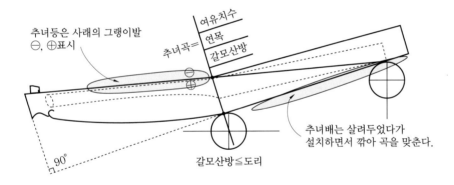

추녀등은 사래의 그랭이발 ⊖, ⊕표시

여유치수
연목
추녀곡=
갈모산방

추녀배는 살려두었다가 설치하면서 깎아 곡을 맞춘다.

90°

갈모산방≤도리

추녀의 길이=(장연 + 경험치)×$\sqrt{2}$+평고대+추녀코

7.4=(3.4+1.4)×$\sqrt{2}$+0.45+0.2

안곡=중앙 연목 외목 길이의 1/3~1/4 정도

추녀의 폭=기둥보다 1치 정도 작게

추녀는 가장 작은 나무를 기준하여 현치도를 만들고 합판으로 대고 그려서 잘라 본을 만들어 동일하게 만든다.

추녀등은 껍질(변재) 쪽(힘을 받는 곳임)이 탄력성이 좋고 강하므로 껍질만 살짝 벗겨주고 변재를 살려준다. 내목의 배는 살려주는 것이 좋다. 등의 변재를 날린 만큼 사래 바닥을 그랭이 떠서 맞춰야 하므로 사래곡 그랭이 치수를 기록해 둔다.

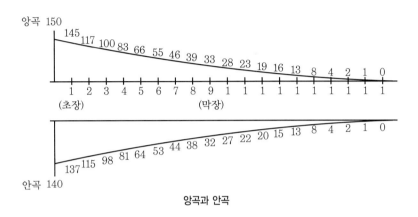

앙곡과 안곡

추녀는 귀솟음을 주어 무거운 지붕을 날아갈 듯이 가볍게 만들었고 좌우 양 측면이 처져 보이는 착시의 효과를 없애는 안곡을 주었다. 선조들의 눈썰미는 과히 천하를 놀라게 한다. 안목은 정형 숫자로 표시할 수 없으니, 숫자에 연연치 말고 꾸준히 안목을 키워나가야 한다.

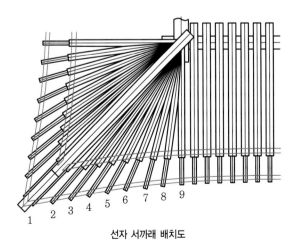

선자 서까래 배치도

추녀 걸기

추녀의 치목이 완료되면 네 귀퉁이의 주심도리와 중도리에 추녀를 얹고 수평을 본 후 주심도리와 중도리의 왕지 부분의 추녀 닿는 면을 그랭이 뜬다. 그랭이는 아래와 같이 나무로 그랭이 칼을 만들어 뜬다.

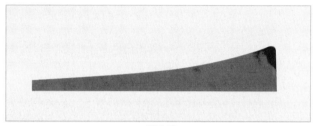

그랭이 칼

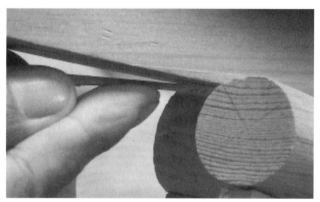

추녀 닿는 부분 그랭이 뜨기

그랭이 자국

제곱근 자로 간격 재기

추녀 닿는 부분 그리기

그랭이 자국 톱질

그랭이 자국 따내기

도리 깎은 모습

추녀 띠쇠로 보강

먼저 추녀의 코와 코를 실로 연결하여 수평을 보거나 물수평을 보아 수평을 맞추고 왕지에 추녀대로 그랭이를 안팎으로 뜨고 그랭이 선대로 깎으면 추녀가 왕지에 안착된다. 이때 추녀의 수평이 맞도록 왕지를 깎아낸다.

추녀의 수평이 맞으면 중도리 부분의 추녀 끝에 띠철을 감아 내려 왕지도리와 함께 감아서 연정으로 고정시킨다. 추녀의 들림을 방지하기 위해 돌을 얹기도 한다. 네 귀퉁이에 추녀가 걸리면 사방으로 앙곡이 날아갈 듯 들린 지붕 그림이 눈에 들어온다.

추녀 안쪽 중도리

추녀 안쪽 주심도리

추녀 앉은 모습

추녀 초매기 자리

 평고대(초매기)

평고대는 추녀와 연목을 연결하여 함께 붙들어 주므로 아름다운 곡선(앙곡

과 안곡)이 나오게 하고 지붕 하중을 균등하게 분포시켜
주며 개판을 끼워서 곡면을 평면과 만나게 해 주는 중요한
부재이다. 적당히 휘거나 긴 부재(12자 이상)를 연결(연목
위에 못 박아 연결)하여 사용한다.

평고대 초매기

철사를 걸고 탱자틀거나 체인 블록으로 당겨서 곡을 맞춘다. 물로 불려가면
서 시일을 두고 매기잡아야(안곡과 앙곡을 맞추는 것) 평고대가 깨지지 않는
다. 대목장의 눈썰미가 최대한 동원되는 과정이다.

초매기 앉은 모습

초매기와 이매기 자리

초매기와 이매기

연목 굵기	초매기	부연	이매기
40	25×20	20×27	25×20
45~50	30×30~25	25×33	30×25
50~55	35×30	25×35	30×24
60~70	40×35 45×35 45×40	30×40 30×45	35×30 40×30
80~90	50×40 55×45	35×50 40×55	45×35 50×40

평고대는 반턱 연귀맞춤 삼각턱 따기하여 연목 위에 못을 박아 연결한다. 초
매기 평고대는 추녀 위에 올라타고 사래 바닥에 묻히며, 이매기 평고대는 사

래 위에 반문혀 만난다.

평고대는 연정으로 고정시킨다. 추녀와의 접점은 그랭이 뜨고 뒷부분은 사진처럼 5푼 정도로 파 준다. 올라탄 평고대는 추녀와 평행으로 톱질하여 사래 바닥과 그랭이 떠서 결구시킨다.

초매기 자리 측면

초매기 40도 선긋기

추녀 초매기 자리

추녀 사래 초매기 자리

뒷부분 5푼 낮추기

초매기 앉은 모습

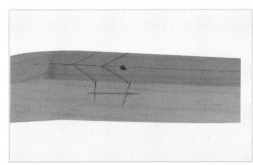

사래 초매기 자리

추녀, 초매기, 사래 결구

추녀, 초매기, 사래

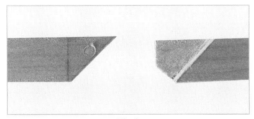

평 면

앙 시

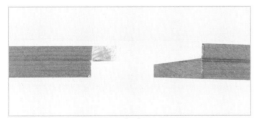

정 면

배 면

■ 평고대 연결

1. 평고대 연결 하부 반턱
2. 평고대 연결 상부 반턱
3, 4, 5, 6, 7 평고대 연결

장연 걸기

추녀곡을 기준으로 서까래 배치도를 그린다. 서까래 배치도대로 좌판에서 안곡과 앙곡을 준다. 안곡에 따라 외목을 표시하고 앙곡은 서까래 배를 살려두었다가 평고대에 맞추어 가며 배를 깎아 맞춘다. 평고대에 일정 간격(1자)으로 서까래 위치 표시를 하고 치목해 둔 서까래를 나이 순으로 0번부터 걸어 나온다.

1. 장연
2. 장연 부리주기
3. 단연과 연결 부분
4. 좌판
5. 연목자 곡 측정
6. 기준 장연 걸기
7. 장연 걸기

이때 원구의 A, B의 도랭이 원을 평고대 곡에 맞게 곡을 찾아 깎아서 맞춘다. 곡이 잘 맞지 않으면 살짝살짝 굴려가면서 맞추기도 하고, 그래도 맞지 않으면 고임목을 고여 받치거나 서까래 말구를 조금 깎거나 하여 맞춘다. 장연을 거는 것은 끈기 있는 작업으로 깎아 맞추어야 한다. (p.54 참조)

장연의 양볼은 단연과 붙으므로 장연 지름＋단연 지름이 서까래 간격보다 클 때는 큰 만큼 볼을 쳐낸다. 6치 서까래일 경우 장연＋단연이 1자 2치이므로 서까래 간격 1자보다 2치가 크다. 이때는 장연과 단연의 양볼을 각각 5푼씩 깎아 2치를 줄여 1자로 맞춘다. 팔작집에서 측면 장연은 판대공에 붙여 대량 위에 못을 박아 고정시킨다.

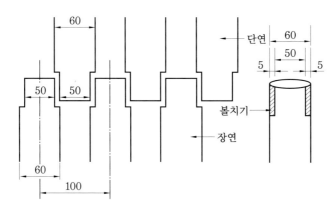

한옥은 비례의 미학이므로 '비례 감각'을 알아야 하고 나무의 자연미를 최대한 활용해야 한다. 조사와 실측을 반복하고 답사하여 잘된 것, 잘못된 것을 찾아야 하며 자신의 감각을 증진시켜 나가는 방법이 최선이다.

또한 나무를 다룰 때는 생명이 있는 생물(生物)로 여겨 함부로 깔고 앉거나 발로 밟지 않고 귀하게 다룬다. 이것은 나무에 흙이나 모래가 박히면 연장도 버리고 목재의 표면도 버리게 되어 애써 다듬은 작품을 버리게 되기 때문이기도 하다. 틈틈이 연장도 갈고 닦아서 항상 잘 들게 만들어 놓아야 다치지도 않고 매끄러운 작품을 만들 수 있으니 연장과 목재는 분신처럼 아끼고 사랑해야 한다.

나무를 보고 고를 줄 알아야 하고, 굽이를 보고 쓰임새를 판단할 줄 알아야 한다. 또한 먹을 쳐서 깎을 줄 알아야 하고 정밀하게 맞추어야 한다. 대목은 틈이 많이 생긴다고 하지만 잘 맞춰진 한옥은 치밀하고 정교하게 결구되어 틈이 없다.

연장도 마찬가지로 자기 몸에 맞도록 갈고 다듬을 줄 알아야 하며 만들 줄도 알아야 한다. 처음에는 기성 제품을 이용하다가 점차 대장간에서 직접 수가공으로 하나하나 만들어 가는 재미는 또 다른 맛을 준다.

자신에게 맞는 공구, 자신의 안목으로 자신만의 멋을 갖춘 한옥을 짓는 것은 말할 수 없는 기쁨을 줄 것이다.

잘 지은 한옥은 목수의 정체성을 드러내며 두고두고 후세에 칭송될 것이고 외국인들의 찬사를 받을 것이다. 참고로 공구(끌)를 잘 다루려면 목선반을 이용하여 공구의 기초를 습득해야 한다.

목선반을 통하여 끌을 나무에 대는 요령과 끌을 가는 요령을 터득할 수 있다. 일주일이면 연마될 것이다. 맞춤을 향상시키면 소목가구를 쉽게 만들 수 있고, 한옥의 기법을 응용하면 소목 가구로 많은 작품을 만들 수 있다.

 ## 갈모산방

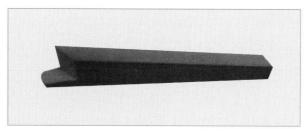

갈모산방

갈모산방은 추녀와 장연의 종연을 연결하고 위에 선자 서까래를 받아서 추녀의 앙곡과 종연의 앙곡을 자연스럽게 평고대와 연결될 수 있도록 경사지게 만든다. 추녀 하부에는 갈모산방을 얇게 깎아 추녀 바닥과 도리의 높이를 재어 갈모산방과 추녀 하부가 꼭 맞물리게 그랭이 떠서 깎는다.

1. 갈모산방 추녀 끼우는 자리
2. 갈모산방 막장 부분
3. 갈모산방 도리 닿는 부분

갈모산방의 하부는 도리 위에 설 수 있도록 홈대패로 오목하게 깎아 세우고 추녀에 선자 초장 자리 하부와 평고대 중도리 왕지 추녀 자리를 먹선으로 쳐서 좌경사각을 구한다. 종연 옆의 도리 자리와 평고대를 먹선으로 쳐서 우경사각을 구하고 좌·우경사각을 연결하여 3차원으로 깎아야 갈모산방의 경사각이 완성된다.

추녀를 중심으로 좌·우 2개의 갈모산방이 네 군데 총 8개의 갈모산방으로 이루어지며 못 박아 도리에 고정시킨다. 사모정에서는 갈모산방끼리 도리 중앙에서 만나게 되는데 갈모산방의 도리 중앙에 만나는 부위는 빗잘라 나무가 말라도 틈이 보이지 않도록 한다. 이는 나중에 설명하는 박공의 빗맞춤과 같은 효과를 가져 온다.

좌우 갈모산방의 추녀 하부맞춤도 추녀와 도리의 간격을 정확히 재고 그랭이 떠서 꼭 맞게 해야 할 것이다. 머름과 더불어 목수의 정교함이 돋보이는 부분이다. 갈모산방의 높이는 연목 지름 정도로 하되 도리보다 크지 않도록 하는 것이 비례미가 좋다.

연목 지름보다는 높아야 추녀배를 안정적이고 아름답게 뽑아낼 수 있다. 또 갈모산방이 너무 높으면 추녀가 무거워 보이고 답답해질 수 있다.

1. 갈모산방, 선자 초장 위치
2. 갈모산방, 선자 막장 위치
3. 갈모산방, 선자 막장 곡뜨기
4. 갈모산방 그리기
5. 갈모산방 곡뜬 모습
6. 갈모산방 위의 추녀
7. 갈모산방 뒷초리 맞춤

선자연

선자연은 갈모산방 위에 부채처럼 펼쳐져 앙곡과 안곡을 완성시킨다. 선자연의 곡은 갈모산방으로 곡을 맞추게 되는데 갈모산방은 주심도리 굵기를 넘지 않도록 한다. 선자는 집의 귀퉁이 수의 2배수가 필요하다. 사각형의 한옥에서는 귀퉁이가 넷이므로 각 선자마다 같은 곡이 4×2=8개씩 준비되어야 한다. 선자 8개를 각각 모아두고 곡이 특별히 세거나 낮은 것을 별도로 골라 모아 산방을 별도로 제작하면 곡 맞추기가 쉽다.

선자연

선자는 먼저 도면상에서 치밀하게 그려져서 외목과 내목의 길이, 통이 결정된다. 날렵하고 쭉쭉 뻗은 외목과 삼각형으로 틈이 없이 밀착된 내목 부위로 구성되고 통으로 간격을 맞추어 경사(외사, 내사)로 갈모 위에 안착된다. 경사는 갈모산방을 도면대로 나누어 실측하고, 곡은 평고대에 맞추면서 깎아 완성시킨다. 선자연 치목은 한옥의 백미이다.

(1) 선자 나누기

초장은 추녀에 반 정도 잘라 옆붙이고 이장, 삼장으로 삼각형으로 옆붙여 나가며, 막장은 빗깎아 붙이는데 보통 9개 정도로 구성된다. 내목은 삼각형으로 접점되어 틈이 없이 붙여지니 끝이 뾰족하게 깎이게 된다.

　외목은 일반 연목처럼 부리를 후리는 경우도 있으나, 부리를 후리지 않고 도면처럼 오히려 통에서 약간 오목하게 깎고 외목 끝까지 쭉쭉 뻗어 나오게 깎으면 시원한 맛이 있다. (선자연의 내목은 외목보다 2치 크게 뜬다.)

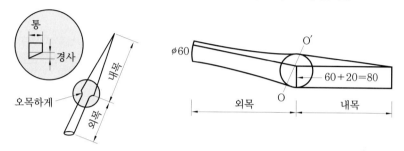

(2) 선자연 치목

① 적당히 휜 나무의 양볼을 친다. 나무의 표면을 보면서 양볼을 치다보면 어느 한쪽으로 기울게 되는데 기움의 정도에 따라 추녀의 좌·우에 붙을 선자를 구분한다. 초장은 약간 굵은 연목을 절반으로 켜서 사용하기도 한다.

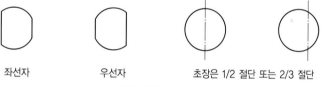

좌선자　　　　　우선자　　　　초장은 1/2 절단 또는 2/3 절단

■ 원구 모양과 좌·우선자 배치

② 좌·우 선자가 구분되면 곡대로 도면의 초장부터 막장까지 순서를 매긴다.

③ 순서대로 선자연에 가상의 먹을 놓고 마구리와 끝, 외목과 내목 지점을 표시한다. 이때 곡을 어느 부분으로 할 것인지 찾아 표시함이 중요하다. 곡은 연목의 폭이 가장 넓은 곳, 옹이나 상처가 없는 부분이 좋다.

④ 가상의 곡 먹선에 따라 외목의 등을 전기 대패로 평평하게 민다. 너무 깎지 말고 껍질을 제거한다는 기분으로 변재를 살려 깎는다. 평고대에 접하고 개판이 붙는 자리이다. 내목 부분은 경사 칠 때 평고대와 접점을 보아가면서 깎도록 남겨 둔다.

⑤ 합판으로 현치도를 만들어 옮겨서 그린 후 선자연에 마구리 지름(연목 지

름과 일치)을 그린다.

⑥ 마구리 지름과 곡 하단부를 먹선 치고 5푼 정도 여유를 두며 불필요한 부분을 체인 톱과 전기 대패로 쳐낸다.

⑦ 곡 하단부와 내목 지점을 가상 연결하고 선자연 곡을 갈모산방에 맞춘 후 갈모산방을 실측하여 느낌으로 경사를 쳐낸다.

일차 경사진 선자연을 갈모산방에서 맞추어가며 평고대와 접하도록 정성들여 경사를 맞추어 깎는다. 갈모산방과 곡이 수직으로 만나 약간 기울어지도록 깎는다. 경사는 한 번에 다 깎지 말고 1/2씩 깎는다.

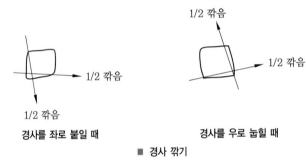

경사를 좌로 붙일 때   **경사를 우로 눕힐 때**

■ **경사 깎기**

평고대와의 접점은 ④에서 남겨 둔 내목 부분의 등이나 배를 깎으면서 맞춘다.

선자는 평고대를 약간 들리게 걸어야 지붕 기와가 하중에 의해 가라앉는 것을 상쇄한다.

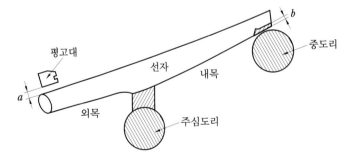

평고대와 선자연이 a만큼 뜰 때는 뒷초리를 b만큼 깎아 붙인다.

$$a : b = 외목 : 내목 \qquad b = a \times \frac{내목}{외목}$$

내목은 연정으로 추녀 옆으로 박아 고정시켜 찢어지기 쉬우니 높이를 살려 둠이 좋다.

⑧ 중심선과 통을 표시하고 먹선을 친다.

⑨ 곡의 외목 쪽을 아름답게 자귀로 후려 깎으며 외목이 쭉쭉 뻗어 나오도록 대패질한다.

⑩ 초장부터 붙여 나오고 막장은 45° 경사쳐서 붙여댄다. 마구리는 직절하고 각도는 초장의 경우 추녀곡에 맞추고 이장부터는 초장곡과 연목곡에 따라 적절히 맞춘다. 마구리 직절 시는 중심선에서 연목 평고대 거리와 같게 한다.

⑪ 선자연 간격이 맞지 않을 때는 부득불 쐐기를 대어 조정하기도 하고 선자연 부리를 체인으로 당겨 평고대에 못을 박아 조정한다.

⑫ 선자가 완료되면 외목, 내목, 총장, 통, 곡을 기록하여 나머지 7군데도 같이 치목해 나간다.

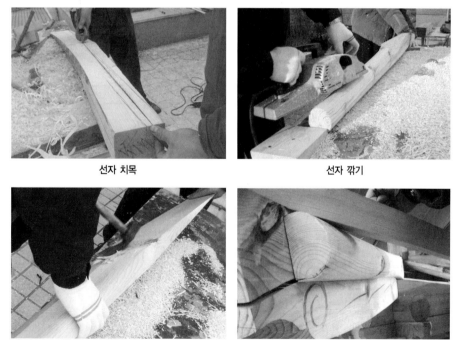

선자 치목	선자 깎기
자귀로 통깎기	선자 초장

선자 초장(추녀부리와 평행)

선자 2장

선자 3장

선자 쐐기 박아 간격 조정하기

선자 막장

막장 뒷초리 부분

• 나무의 결과 구조물의 방향

소로이든 도리이든 창방이든 결합 구조 시의 방향은 나뭇결과 관계가 있다. 소로는 도리의 방향으로 놓이는데 이는 소로의 장여홈을 결의 방향으로 파야 하기 때문이다.

포에서도 소로 위에 받을장(첨차), 그 위에 업을장(살미)인데 이 역시 구조 방식이 첨차는 하단부에서 살미를 받치므로 상부를 반턱 따고 살미는 도리를 받치므로 하부를 반턱 따서 첨차에 걸쳐 대어야 하중을 견디는 필연적인 결합 방식이다.

대패질과 톱질도 나무의 결을 보면서 하면 잘된다. 엇결을 대패질할 때는 날카로움과 속도로 커버해야 한다. 끌질 역시 결을 알아야 쏟아짐, 뜯김, 찢어짐을 방지할 수 있다.

단순히 작업하는 것이 아니라 결을 보고 부대낄 때 깨치면서 앎이 생긴다. 스스로 터득하면서 스승과 대화를 나누며 생각을 교류하면 빠른 성장이 있을 것이다.

기술로만 나무를 다스릴 것이 아니라 결대로 순리(順理)로 풀어 나가야 명품이 된다.

나무를 사랑하고 자신의 손맵시를 주기 시작하면 목수의 혼이 나무로 들어가니 명품이 탄생하지 않을 수 없고 산천에 있는 유명한 고찰과 서원, 민가, 관가, 궁궐을 답사하여 조상이 남긴 손맵시를 찾아 실력 향상을 위해 꾸준히 노력해야 한다.

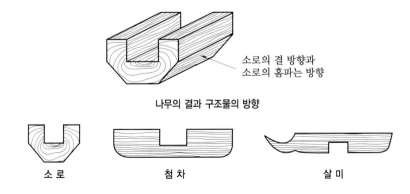

소로의 결 방향과
소로의 홈파는 방향

나무의 결과 구조물의 방향

소 로   첨 차   살 미

단연 걸기

단연은 장연물매와 기와물매에서 역산하여 나온 물매에 따라 일정 길이가
정해지면 일률적으로 잘라 연정으로 박아 고정한다.

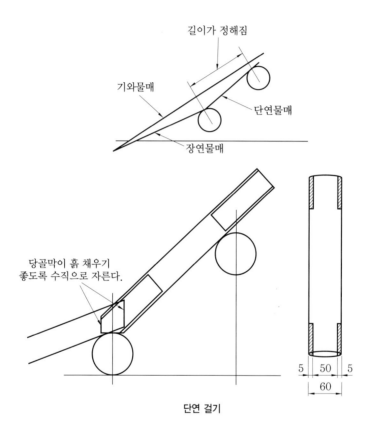

단연 걸기

단연의 하부와 상부는 사절되고 장연과 단연의 접점과 단연과 단연의 접점
은 서까래가 100(1자) 이상일 경우 장연처럼 볼을 쳐내서 서까래 간격(100) 내
에서 접점이 될 수 있도록 한다.

연정(못)은 과거에는 대장간에서 맞추어 썼으나 오늘날에는 기성품을 사용
한다. 기성 못은 길이에 따라 굵기가 정해져서 일률적으로 나오므로 길이만
맞춰서 구입하면 된다.

연정의 길이는 도리에 박히는 부분이 2~3치 정도면 된다.

4치 서까래는 6치 못, 5치 서까래는 7~8치 못 정도를 박으면 된다. 장연이나 단연은 모두 원구가 땅쪽(아래)으로 향하도록 위치시킨다.

집은 잘 지으면 천 년을 가며, 후세가 두고두고 보고 평을 한다. 완벽하고 멋지게 지어야 후세가 존경할 것이며 두고두고 회자될 것이다. 그렇기 때문에 시간이 더 걸리더라도 정말 잘 지어야 한다.

송광사 연목 마구리에 숫자를 적은 합판이 박혀 있는데, 이는 마무리 제거를 하지 않은 탓이다. 부재 한 가지 한 가지를 순서대로 정밀하게 만들고 최적의 조립 방법을 구상하면서 만들어 나가는 것이 중요하다.

단연틀

단연틀 배면

단연과 장연

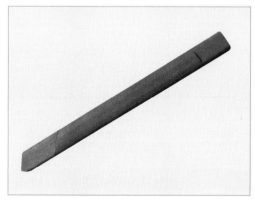
단 연

단연 걸기

개판 깔기

개판은 하부만 대패질한다. 장연 개판은 평고대 홈에 끼이는 부분을 홈대패로 턱따내서 끼우고 못을 개판의 좌우에 박아 못대가리를 구부려서 유동이 없도록 고정만 하면 된다. 개판에 바로 박으면 나무의 수축 작용으로 쪼개질 우려가 있다. 실제로 못을 박을 때도 쪼개어진다.

개판 못 구부리기 　　　　　　　　　　　　개판 못 박기

선자연 개판

개 판

고대연 착고개판

부연개판과 착고

선자연 개판은 내목 위에는 틈이 없으므로 붙일 필요가 없고 선자연 외목 부위에만 개판을 붙이면 되는데 과거에는 선자연의 홈에 끼워 넣기도 하였으나 방추형으로 깎아 붙이면 된다. 단연 개판은 장연 개판에 맞대어 붙이고 못을 박아 구부려 고정한다. 좌우에 못을 박아 구부리기도 하고 한쪽은 개판에 못을 박고 한쪽만 구부리기도 한다.

개판의 목적은 서까래의 노출(연등천정) 시 서까래 사이의 틈이 보이지 않도록 하고 적심이나 보토를 깔 때 흘러내리지 않도록 하기 위함이다. 개판 없이 새끼줄에 산자를 엮어 깔고 아래에서 위로 쳐 발라 마감하기도 하는데 현대에는 송판을 구하기가 쉬우므로 개판을 까는 것이 편리하고 보기도 좋다.

개판은 양쪽 다 못을 박으면 안 된다. 반드시 한쪽은 구부려 고정해야 개판의 수축에도 갈라지지 않는다. 개판과 평고대의 만나는 부분은 그랭이 떠서 깎아낸 후 평고대 홈에 끼어서 평고대에 밀착시킨다.

 # 사 래

사래는 추녀 위에 올라타서 추녀의 곡을 보완한다. 사래의 곡선은 추녀 위에서 결합했을 때 수평물매선(물매 0)이 된다. 즉, 빗물이 사래에서 머물러 가운데로 흘러내리도록 물매를 구성한다(장연물매 4치 5푼, 사래물매 0). 사래의 곡은 추녀곡이 낮으면 조금 더 주고 추녀곡이 세면 덜 주어 추녀의 곡을 보완한다. 사래의 배를 살려두었다가 추녀곡과 맞추어 가며 사래의 곡을 확정지을 때 깎도록 한다.

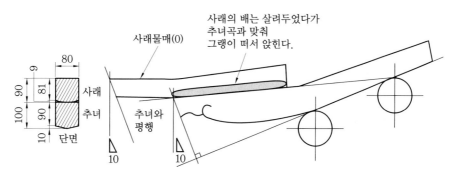

사래의 외목 길이＝(부연 외목 길이＋이매기＋코)×$\sqrt{2}$＝(180＋40＋20)×$\sqrt{2}$＝340인데, 이는 부연 외목 길이의 약 2배(180×2＝360)에서 2치(20)가 짧다. 사래의 폭은 추녀의 폭과 같다. 사래의 높이는 부연 높이＋평고대 높이＋여유 1~2치이다.

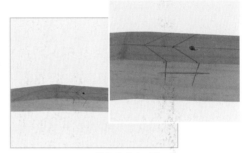

추녀사래 초매기 자리   사래 초매기 자리

사래의 바닥은 추녀 위에 붙어서 초매기 위에 올라타고 이매기는 사래에 탄다. 추녀등을 평평하게 깎아 내면 사래를 붙이기는 편하지만 추녀의 변재가 손상되어 나뭇결이 일어나며 찢어져 벗겨져 나가므로 추녀등을 살리고 사래를 그랭이 떠서 앉히는 것이 좋다. 즉, 추녀의 등은 기준선과 변재의 치수를 적어 두고 사래의 바닥에 그랭이 발을 주어 남겨 두었다가 그랭이 떠서 조정하는 것이 좋다.

사래의 곡은 가상의 곡선으로 많이 남겨 두고 추녀에 부착할 때 곡을 그랭이 떠서 확정한다. 또한 사래의 내목 길이는 추녀곡을 넘어서도록 길게 빼는 것이 안정적으로 추녀에 안장되게 한다. 사래와 추녀의 연결 시 추녀에 긴 은못을 박아 사래에 꽂은 다음 산지를 박아 고정시키고 연정으로 보강한다. 사래 끝선은 부연 끝선과 평행이 된다.

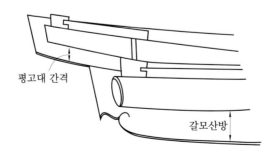

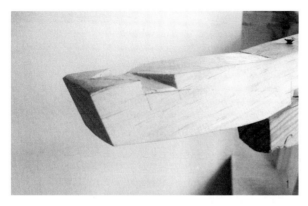

1. 이매기 자리
2, 3 사래 위 이매기 위치
4. 사래와 이매기 만남
5. 사래 위 이매기
6. 사래와 이매기 측면

이매기

평고대 초매기와의 차이는 모양이 직사각형( )이라는 점이다(초매기는 부연을 태우므로 형). 이매기는 사래 위에서 만나 초매기와 같은 곡으로 휜다. 초매기는 추녀 위에 올라타지만 이매기는 사래에 묻힌다.

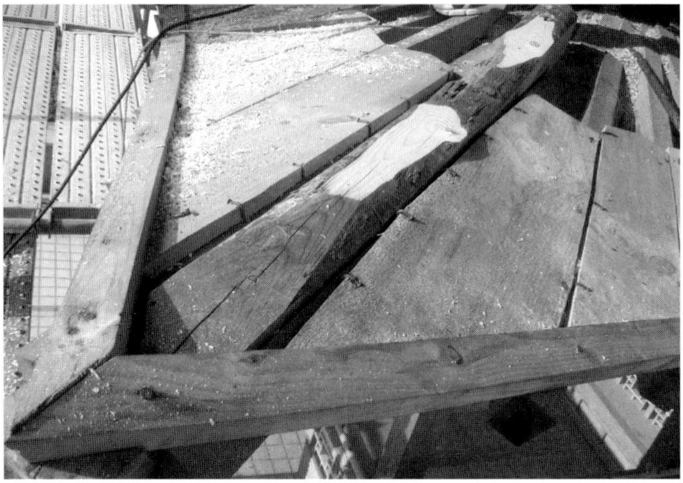

사래 위 이매기 만남

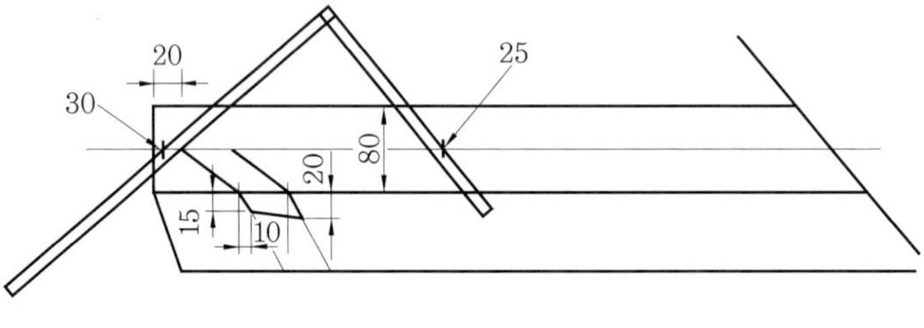

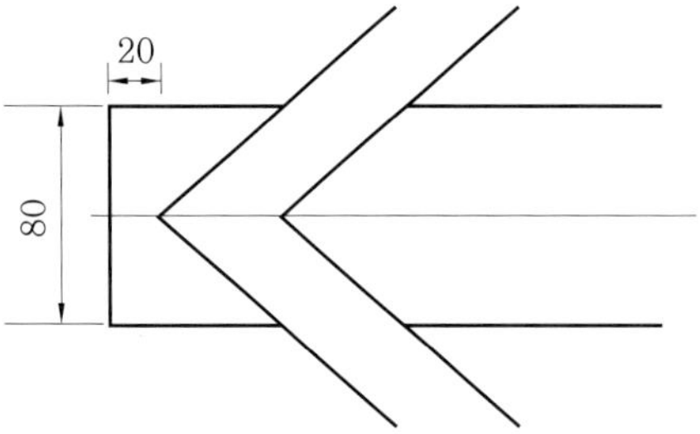

사래의 이매기 자리

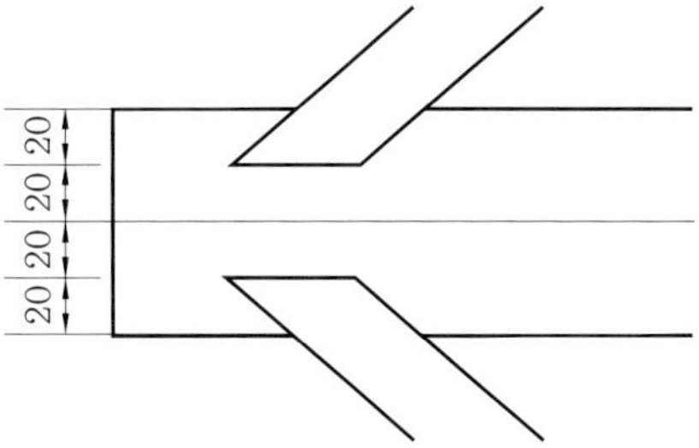

추녀의 초매기 자리

사래가 초매기 위에 올라타는 자리는 그랭이 뜨고, 이매기 묻히는 자리는 계산대로 파서 이매기를 붙여서 그랭이 뜨며 수정해서 밀착시킨다. 이매기도 부연 개판자리를 홈대패로 홈파고 12자 이상의 길이로 부연 위에서 반턱연귀삼각턱맞춤으로 연정으로 연결한다. 이매기의 역할도 부연과 사래를 연결해서 지붕 하중을 균등히 분포시켜 주고 부연착고를 끼우게 하여 지붕 앙곡과 안곡선을 완성시킨다.

평고대 이매기

 부 연

벌부연은 곡이 없이 현치도를 합판으로 만들어 대고 그린 후 깎는다. 외목 : 내목=1 : 2, 외목 길이 180~200, 내목 길이는 길수록 안정적이나 외목의 2배 정도, 내목의 배는 미리 깎지 말고 부연을 걸면서 평고대와 맞춰서 깎는 것이 좋다. 개판 위가 일정하지 않으므로 부연이 평고대와 밀착되지 않는 경우가 많다.

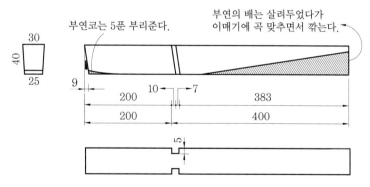

부연은 마구리가 장방형이며 3 : 4 정도의 비례로 한다.

외목의 1/3 지점에서 5푼 부리주고 부연착고 자리는 이매기에 걸고 나서 이매기와 평행이 되게 그려서 따낸다. 선자연 위에 놓이는 부연을 고대부연이라 하며 고대부연의 외목은 이매기에 간격을 맞추기 위해서 고무줄로 묶어 간격 배치를 조정한다. 간격이 넓어 선자연에서 조금씩 빗겨 배치를 조정한다.

집이 클 경우에 간격이 너무 넓어지면 초장 옆에 새발부연을 달아서 간격을

줄이기도 한다. 부연은 서까래 위에 못을 박아 고정시킨다. 고대부연을 깎을
때는 연목자로 곡을 떠서 쉽게 만들 수 있다.

부연 위치

연목 개판과 부연

부 연

매기잡기(탱자틀기)

부연, 착고, 이매기

새발부연

부연에 얽힌 사연

부연은 附椽, 浮椽 또는 婦椽이라 쓴다. '며느리 부(婦)'자 부연은 목수 시아버지가 관가 공사를 하는데 실수하여 서까래를 짧게 잘라 버린 이야기에서 유래한다. 목수가 고민이 되어 집에서 한숨을 쉬고 있자 며느리가 시아버님의 고민이 무엇이냐고 조심스럽게 여쭈어 보았다.

며느리가 무엇을 알겠느냐고 시아버지는 말을 하지 않고 한숨만 쉬다가 서까래를 실수로 짧게 잘랐음을 이야기한다. 며느리는 별것이 아니라는 듯 "그러면 이으면 되지요."하고 한마디 한다. 순간 시아버지의 머리에 번뜩이는 생각이 스친다.

짧게 자른 서까래 위에다 또 다른 서까래를 덧대어 연결해 보니 더욱 멋있는 지붕이 탄생한 것이다. 그래서 연목 위에 짧게 덧댄 서까래를 '며느리 부(婦)'자를 써서 부연 (婦椽)이라 한다.

필자의 생각은 이렇다. 하필 시아버지와 며느리이다. 예로부터 며느리 사랑은 시아버지라 했다. 현장에서 땀 흘려 일하고 오랜만에 집에 온 시아버지를 반겨 주는 사람이 없다. 아내는 장에 가고, 아들은 볼일 보러 나가고, 며느리만 집에서 바느질을 하고 있다. 가족이 그리운 시아버지는 며느리 사랑이 하염없으며 며느리는 아껴주는 시아버지에게 효를 하게 된다.

시아버지는 그런 며느리가 사랑스러워 자신의 일터인 한옥에 며느리의 아름다운 모습을 담고자 나무를 깎아 붙였다고 본다.

장인 목수는 나무를 자르기 전에 심사숙고하는 법이거늘 어찌 실수를 할 수 있으랴. 목수는 음양의 조화를 터득하여 여인의 아름다운 자태를 한옥에 남긴 것이다.

이는 전문가가 아니더라도 누구나 독창적인 아이디어를 낼 수 있음을 말해 준다. 기술이나 역사는 반복되지만 독창적인 아이디어는 어느 순간에 나타날 수 있으며 그것은 혁신적인 발전을 가져온다. 항상 생각하며 보다 나은 길을 모색하여야 함을 상징하는 이야기이다.

부연착고와 부연개판

부연의 배치가 완료되면 부연과 부연 사이를 이매기와 평행이 되게 새들이 날아 들어오지 못하도록 홈을 파고 판재로 막아주는 것을 부연착고라고 한다.

벌부연 간격은 대체로 일정하여 부연착고를 걸기 쉬우나 고대부연 자리는 곡과 길이, 각도가 모두 다르므로 착고를 끼우기가 쉽지 않다.

착고 자리를 이매기와 평행이 되게 파고 합판 두 장을 끼워 넣어 각도와 길이를 떠서 판재에 옮겨 그려서 깎으면 쉽다. 부연개판은 착고를 넘어 덮을 정도로 길게 잘라 이매기에 그랭이 떠서 홈 파고 끼운 후 개판 좌우에 못 머리를 구부려 고정시킨다.

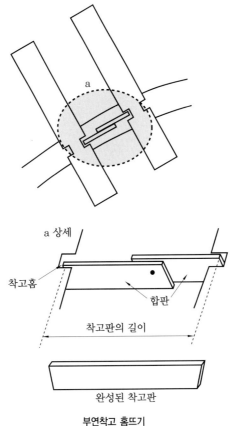

부연착고 홈뜨기

부연착고 자리따기

부연착고 자리

부연과 착고

부연착고와 개판

 ## 장연누리개와 부연누리개

부연까지 배치시키면 지붕의 모습이 거의 갖추어졌다. 하중이 실리면 장연
과 부연이 이탈될 수 있으므로 3치 각재를 길게 빼어 장연 내목 뒷초리 부분과
부연 내목 뒷초리 부분을 평고대처럼 둘러가며 못 박아 고정시킨다. 이를 누
리개라 하며, 누리개와 장연과 부연 사이의 공간이 뜬 곳은 쐐기를 박아 틈을
없애 준다.

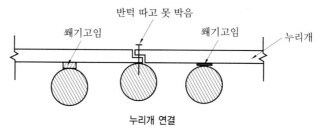

누리개 연결

누리개가 완성되면 누리개가 전 연목과 전 부연을 틈이 없이 연결하여 잡아주는 역할을 하므로 연목과 부연이 안정적으로 위치하게 된다. 누리개는 긴 쫄대목으로 하고 연결은 연목 위에서 반턱 따서 교차시켜 못 박아 댄다.

장연누리개와 부연누리개

누리개 쐐기고임

 ## 종심목(적심도리) 놓기

엇갈린 단연 위에 올려 두는 도리를 종심목(적심도리)이라고 한다. 적심도리는 단연의 고정뿐만 아니라, 물매의 조정과도 관련이 있다. 물매가 낮으면 적심도리가 굵은 것을 놓고 물매가 세면 적심도리가 가는 것을 놓거나 놓지 않을 수도 있다. 적심도리는 잘 구르지 않도록 12각으로 깎아 연정(못)을 박아 고정한다.

단연이나 장연은 밑에서 연등천정으로 올려다보기 때문에 서까래의 보이는 부분인 하부를 보기 좋게 잘 깎아야 한다. 단연은 같은 길이대로 깎았지만 조금씩 다를 수 있다. 키 순서대로 배열하여 제일 긴 것을 좌우 끝으로 보내고 키 작은 것을 중간으로 하여 현수곡선을 이루게 한다.

단연의 길이를 정하지 않고 길게 교차시켜서 적심도리를 올린 후에 체인 톱으로 적심도리 각도에 맞춰 일률적으로 자르기도 하는데 이것은 지양해야 한다. 보이지 않는 부분에도 목수의 정성이 깃들어야 하기 때문이다.

장연 개판은 위로 올려붙여서 방에서 올려보았을 때 틈이 보이지 않도록 한다. 과거에는 연목에 연침을 꽂아서 꿰어 연결하여 서까래가 약해지므로 연결 끝을 길게 남기고 잘랐으나 오늘날은 못을 박아 고정시키므로 장연과 단연의 교차 부위는 중도리 위에서 수직으로 잘라 당골막이 흙을 쌓기 쉽도록 한다.

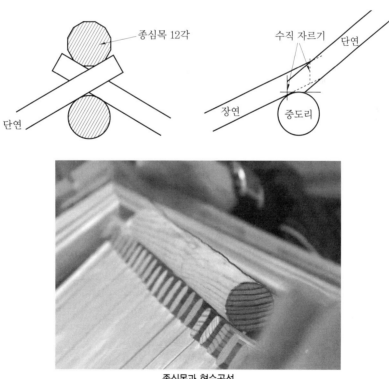

종심목과 현수곡선

합각 뺄목

　합각은 팔작집의 특징이며 측벽 쪽 외진 기둥에서 1자 정도(큰 집은 2자) 들
어가서 형성된다. 합각이 설 위치의 측면 장연 개판 위에 튼튼한 나무를 합각
받침목으로 받쳐 대고 그랭이 떠서 장연 개판 위에 못을 박아 고정시킨다.
　받침목 위에 동자주나 판대공을 세우고 도리, 장여, 창방을 동자주까지 빼서
연결한 것을 합각 뺄목이라 한다.

뺄목 거리 재기

뺄목 길이 자르기, 뺄목 받침대

뺄목 받침대 그랭이 뜨기

뺄목 받침대 그랭이 뜨기

뺄목 받침대와 뺄목

뺄목 부위

집부사와 추녀에 붙는 단연

합각 뺄목 설치를 완료하면 뺄목도리와 추녀 위에 단연을 길이대로 연장시켜 걸고 집부사를 걸친 후 연정으로 고정시킨다. 집부사는 수직추를 내려 자르고 반대편을 맞대어 그린 후 잘라 붙여 맞댐으로 붙이거나 반턱으로 붙여 풍판을 평면으로 붙일 수 있도록 한다.

집부사는 서까래보다 굵은 각재를 사용하여 연정으로 단단히 고정시키고 단연에서 집부사까지의 뺄목도리 위에는 추녀 단연을 붙인다.

추녀 단연은 각각 길이가 다르므로 실측하여 알맞은 크기로 잘라서 연정을 박아 고정한다.

추녀 단연과 집부사의 하부는 추녀와 나란하게 잘라주고 자를 때에는 자를 안팎으로 대어 그린 후 1치 여유를 두고 잘라 그랭이 떠서 맞춘다.

추녀에 붙는 단연의 상부는 단연처럼 깎아 맞추기도 하고 맞댐이음을 하기도 한다. 하부는 추녀와 평행으로 잘라 그랭이 떠서 맞춘다. 집부사는 덧량을 올릴 수 있도록 상부를 평평하게 톱으로 잘라낸다.

집부사는 용마루 현수곡선이 자연스런 앙곡선을 형성하도록 뺄목 끝에 높이 올린다.

추녀 위 단연 설치

집부사 설치

집부사와 풍판 설치

1. 집부사와 추녀에 붙는 단연
2. 집부사 하부를 자른 모습
3. 추녀 단연
4. 추녀 단연 자르기
5. 추녀 단연을 자른 모습

측면 기와 물매선과 박공

측면 기와 물매는 5치가 적당하고(전후면 기와 물매는 6치), 큰 집일 경우는 측면 기와 물매를 5치 5푼 정도로 한다.

측면 기와 물매가 5치일 경우, 기와선은 부연(200)+평고대(40)+연목(400)+합각 들어감(100)=740(7자 4치)

7자 4치×0.5=3자 7치, 즉 부연 끝에서 3자 7치 위치가 기와 끝선이 된다.

기와 끝선이 구해지면 집부사에서 기와 끝선까지 현수곡선을 드리워 끝선보다 5치 정도 길게 하면 박공의 길이가 되고, 풍판은 박공 끝선보다 조금 더 길게 (2치 정도) 하여 잘라준다. 합각은 3량집에서 5치, 5량집에서 1자 들어가 위치하고, 포집은 지붕이 높으므로 기둥에서 2자 이상 들어가서 위치하기도 한다.

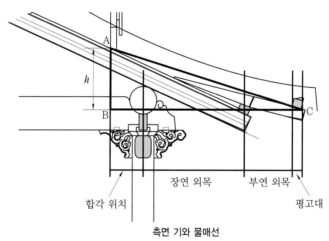

측면 기와 물매선

$$기와 물매(0.5) = \frac{높이(\overline{AB})}{수평(\overline{BC})}$$

수평($\overline{BC}$) = 합각 위치(기둥에서 1자 들어감)+장연 외목+부연 외목+평고대
=100+400+200+40=740 $\quad \therefore \overline{BC}=740$

$$0.5 = \frac{h}{740}$$

$h = 0.5 \times 740 = 370 \quad \therefore h = 370$

합각 위치 재기

측 면

 ## 박 공

박공은 연목을 가려주고 지붕 좌우 끝의 목기연을 받아서 지붕의 좌우 끝을 마감시켜 주는 부재로서 연목이나 집부사에 연정으로 고정시키므로 수직 하중을 거꾸로 받는다.

한옥의 부재는 수직 하중을 위에서 아래로 받으므로 모든 부재가 원구가 땅으로 향하게(자연 상태 그대로) 조립되나 예외적으로 박공과 낙양만 원구가 위로 가게 거꾸로 조립된다. 이는 박공과 낙양은 연정으로 매달려 있는 부재로 튼튼한 원구에 연정을 박는 것이 내구성이 있어 보다 효율적이다. 조상의 빛난 얼이 돋보이고 과학적인 근거를 바탕으로 한 조립이라 할 수 있다.

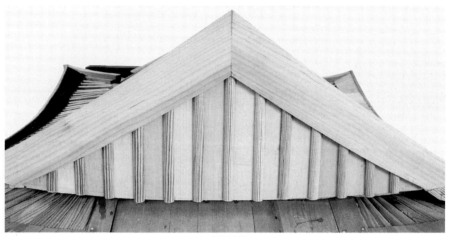

박공 부분

박공은 2치 이상 두께의 판재로 만드는데, 집부사나 연목의 2/3 이상을 가려줄 정도로 넓은 폭의 판재를 사용한다. 넓은 판재가 없으면 연폭해서 사용하기도 한다. 종심목 위에서 측면 기와 끝선까지 현수곡선을 드리우고 기와 끝선에 5치 정도 더한 것을 박공선으로 하여 치목한다.

원래 전통적으로 박공은 와공이 제작하고 연함은 목수가 제작하였으나, 목수가 점차 기술적으로 우위에 서게 됨에 따라 오늘날에는 박공은 목수가 제작하고 연함은 와공이 제작하는 것으로 바뀌어졌다.

박공의 끝선은 박공집에서 추녀처럼 게눈각을 새기고 배를 후리기도 하나 팔작집에서는 배만 후리고 개판과 평행하게 하거나 배부르게 한다.

박공을 조립할 때는 종심목의 수직 이등분선에서 좌우의 박공이 접하게 되는데 맞댐이음으로 처리하면 연결 공간이 보이게 되므로 하부 수직으로 꺾은 빗맞춤을 한다.

이는 연귀로 사절하여 접합시키고 하단부만 수직으로 꺾어 치목한 것으로 외부에서 보면 수직으로 1/2선에 접합한 것으로 보이나 안쪽에서는 사절로 접합되어 있으므로 절대 틈이 보이지 않게 된다.

박공은 연목이나 집부사, 합각 뺄목 마구리 등에 연정으로 고정시키고, 집부사 상단에서 종심목까지 현수곡선을 이루게 할 정도의 높이로 올려준다.

박공 빗맞춤 전면 1

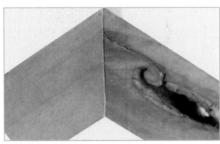

박공 빗맞춤 전면 2

박공 빗맞춤 배면 1

박공 빗맞춤 배면 2

박공과 연목

박공과 평고대선

박공과 부연선

박공 현수곡선 보기

현수곡선이 안 될 때는 덧량을 올리기도 한다. 박공의 끝선은 박공집에서는 부연 끝 또는 장연 끝에서 2치 이상을 더 **빼주고**, 팔작집에서는 측면 기와 끝선에서 5치를 더 빼주어 기와가 박공 밑으로 들어가도록 하고 기와가 부연이나 장연을 덮고 풍판 끝이 가려질 정도로 잘라준다.

 풍판

집부사와 동자주에 걸쳐서 합각 받침목 상부 1자 위에 1줄, 1/2 지점에 1줄씩 풍판 띠장을 수평으로 대고 풍판을 수직으로 붙인다. 풍판을 붙였을 때 풍판 띠장이 풍판 하부보다 5치 위에 위치되도록 풍판을 붙인다. 풍판의 상부는 박공 끝선보다 조금 길게, 하부는 장연 개판까지 오도록 한다.

풍판은 개판과 같이 1자 이상의 판재를 세로로 맞대어 붙이는데, 동자주의 중앙 수직에서 좌우로 대칭이 되도록 맞대어 못을 박아 붙이고, 풍판과 풍판 사이는 ϕ20 정도 풍판 쫄대를 반원형으로 길게 켜서 못을 박아 틈새를 막는다.

풍판의 설치가 완료되면, 상부는 집부사보다 3~4푼 길게 남겨 집부사 선과 평행으로 나란히 잘라주고, 하부는 개판과 1자~1자 2푼 공간을 유지하고 개판선에 맞춰 잘라준다. 풍판 판재에 빗물의 침투를 방지하기 위해 전벽돌이나 꽃무늬 벽돌을 쌓기도 한다.

풍판 띠장

풍판 박공선 그리기

풍판 하부 자르기(개판에서 100)

풍판 상부 자르기(집부사 위로 3~4)

풍판 쫄대(ϕ20)

박공과 풍판

목기연

(1) 목기연의 치목

목기연은 부연과 같은 형태이나 내목은 반대로 상부를 사절한다. 단면은 부연과 같이 형태이며, 크기는 부연과 같거나 조금 작게, 내목 길이는 2자 이상, 외목 길이는 1자 1치 정도로 한다.

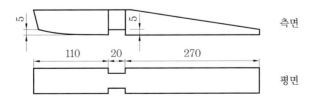

박공과 결구되는 부위의 목기연의 좌우와 하부를 5푼씩 깎아 목기연에 홈을 파고 박공의 연결 부위에 끼울 수 있도록 한다. 목기연의 외목 하부는 부연처럼 부리를 준다.

1. 목기연
2. 목기연 측면
3, 4. 목기연 끼우기

(2) 목기연의 결구

박공에 목기연 자리의 중심선을 표시하고 목기연 끼울 자리의 폭대로 목기연 자리를 톱으로 따낸 다음 목기연을 끼우면 된다. 목기연 간격은 박공 길이로는 $\sqrt{2}$ 자, 수평 길이로는 연목과 부연의 간격인 1자 정도가 좋으며, 박공 길이에 따라 적절히 목기연 수를 조절해 끼우면 된다.

목기연 자리 나누기

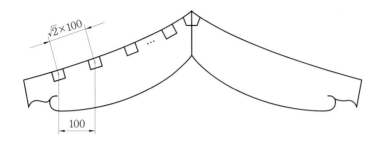

(3) 박공 상단부의 목기연

박공 상단부를 따내고 목기연을 끼운 후 박공각에 맞추어 45°로 상단부 좌우 끝을 대패로 깎아내서 5~6각형 형태로 만든 다음 개판을 깔거나 덧량을 올릴 수 있도록 한다.

상부 목기연(5각형)

(4) 목기연 받침

목기연의 내목 끝에는 박공과 목기연이 직각으로 수평을 유지할 수 있도록 받침을 만들어 개판 위에 못을 박아 고정시키고 목기연 내목 끝을 받침 위에 못을 박아 고정하도록 한다.

목기연 받침은 목기연 아래에 쐐기처럼 각각 받치거나 덧서까래처럼 길게 붙일 수도 있다.

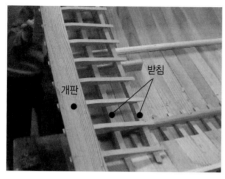

목기연 개판과 받침

(5) 목기연 개판

목기연의 조립이 완료되면 개판을 깔고 못을 박아 고정시킨다. 목기연 개판
의 못은 구부리지 않고 막 박으면 된다.

부연, 평고대, 목기연

덧량과 목와(木瓦) 붙이기

개판의 부착으로 구조 결구가 마감되면 와공의 기와 잇기가 시작된다. 한옥
의 지붕은 흙으로 보토를 깔아 보온과 물매를 잡았는데 흙의 양이 너무 많이
들어서 지붕 하중을 줄이고자 나무의 피죽과 동바리 나무로 적심을 채운 후
흙으로 보토를 채워 기와 물매를 잡고 기와를 깎았다. 그러나 이 적심이 가라

앞아서 침하가 생겨 기와 물매선에 균열이 생기고 20~25년 정도 지난 후에 기와를 보수해야 하는 일이 반복적으로 생기게 되었다.

이는 목수의 생계 유지상 일이 있어야 하므로 기술을 개발하지 않고 고의로 그러한 것이라 생각된다. 일본에서는 지붕을 덧집으로 처리하여 보토를 줄여서 지붕의 침하가 생기지 않도록 하여 수백 년이 가도 기와가 처음의 형태를 그대로 유지하고 있다. 우리 한옥에도 덧서까래 기법과 목와를 까는 기법으로 기와 물매를 잡고 지붕의 수명을 수백 년으로 유지시키는 기술이 도입되고 있다.

(1) 덧량의 설치

용마루에 현수곡선을 드리워 양쪽 끝의 곡이 낮을 경우에는 박공 상층부의 목기연 위에 ◖▭▭◗ 형의 도리를 깎아 연정으로 박아 덧량을 설치한다.

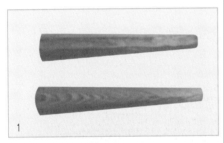

1. 덧량
2. 용마루 현수곡선 보기
3. 덧량 얹기
4. 집부사, 추녀 단연, 덧량, 박공, 목기연, 개판을 올린 모습
5. 덧량 설치

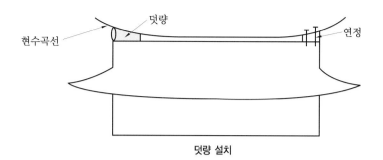

현수곡선 — 덧량 — 연정

덧량 설치

(2) 덧추녀와 덧서까래의 설치

용마루에서 부연 끝까지 현수곡선을 드리워 덧추녀의 곡을 합판으로 떠서 현치도를 만든 후 굵은 나무에 대고 그려 덧추녀를 만들거나 동자주를 세우고 적절한 나무를 대어 덧추녀를 설치한다. 수평으로도 현수곡선을 드려서 2자 간격(서까래 하나 건너)으로 덧서까래(내림목)를 설치한다. 덧서까래 하단부에 동자주나 고임목을 대고 곡을 유지하도록 한다. 덧서까래는 덧추녀와 중앙부, 1/2지점과 1/4지점 순으로 현수곡선을 드려서 걸어 나간다.

1. 덧추녀 현수곡선 보기
2. 덧추녀와 덧서까래(세로목)
3. 덧서까래 설치

(3) 가로목 설치

폭 2치, 두께 4~5푼 쫄대를 2치 간격으로 평고대 선과 평행이 되도록 휘게 하여 못을 박는다. 심하게 휘는 부분은 톱금을 넣어 잘 휘어질 수 있도록 한다. 가로목의 길이가 짧은 경우에는 중앙 부위의 덧서까래(내림목)에서 빗연결해야 곡이 자연스럽게 유지된다.

가로목 톱금 넣기

가로목 톱금

가로목 설치

가로목

가로목 연결

평고대 위 2푼 내어 박기

(4) 목와 붙이기

평고대 안쪽 2푼 지점부터 목와를 못으로 붙인다. 목와의 연함이 시작되는 부분에는 두께 2~3푼, 폭 60, 길이 50인 판재(목와)를 붙이고, 2치 5푼을 남기고 상부에 중첩되게 두께 2~3푼, 폭 60, 길이 120인 판재(목와)를 겹겹이 붙인다.

목와는 두께가 3푼, 길이가 1자 2치이므로 2치 5푼 간격으로 띄우고 붙이면 4~5겹으로 중첩되어 두께 1치 이상이 되어 튼튼하고 빗물도 스며들지 않는다. 목와와 개판의 사이 공간에 보온재나 단열재를 넣으면 단열 효과를 높일 수도 있다. 적심처럼 세월이 지나도 가라앉는 일이 없기에 기와의 모양이 침하되지 않고 수백 년을 갈 수 있다.

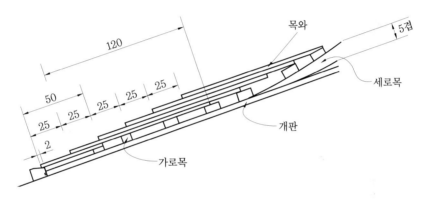

 ## 연함과 기와

목와까지가 목수가 하는 일이다. 과거에는 연함을 목수가 깎아 붙였으나 오늘날에는 와공이 연함을 붙인다. 와공은 맑은 날을 택하여 연함을 붙이고 보토를 깔아 곡을 잡는다.

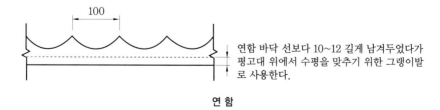

연 함

또한 와공이 건물의 가로와 세로를 재어 기와를 깐다. 용마루는 적심도리 위에 현수곡선을 드리우고 용두의 높이를 정한다.

연 함

연함 확대

박공 연함

조립 요약

- **주초** : 수평, 수직 다림보기, +반먹 놓기, 그래발 표기
- **기둥** : 수직 다림보기, 그랭이, 그랭이발 다듬고 수직 세우기
- **익공** : 익공과 기둥 맞추기
- **창방** : 창방 불려 메로 쳐서 끼우기, 귀창방 뺄목 부분 감고 끼우기
- **대량** : 가장 어려운 작업, 기둥에 물렸다 맞추기
- **측량** : 측면 기둥 기울였다 맞추기
- **퇴량** : 기둥 기울였다 맞추기
- **충량** : 대량보 옆에 주먹장 턱 파고 위에서 내려 끼우기
- **주두와 소로** : 창방 위에 사방 먹선 치고 주두와 소로 촉 파고 끼우기
- **소로봉** : 방 부분의 주두와 소로, 소로와 소로 사이에 소로봉을 끼우기
- **장여** : 기둥 위 주먹장 조립, 소로 위 장여 놓기
- **도리** : 도리 숭어턱 따고 나비장 결구(띠쇠를 놓고 연정하여 보강), 왕지도리 결구
- **동자주** : 대량 위에 수평실 띄우고 그랭이, 동자주 위치 놓기, 충량 위 일자 동자주 위치
- **종량** : 고주와 동자주에 종량 끼우기
- **중도리** : 중장여 끼우고 중장여 위에 중도리 놓고 나비장 연결
- **판대공** : 은못으로 종량 위에 위치, 실수평으로 그랭이, 대공 소로 끼우고 창방 주먹장 끼우기, 관통 소로 끼우기, 창방 위에 촉박아 소로 위치시키고 상장여 주먹장 끼우기, 상도리 놓고 나비장 연결하기
- **추녀** : 왕지도리에 추녀 자리 그랭이 떠서 앉히고, 추녀 수평 보아 추녀 정을 박고, 추녀와 도리를 띠철로 감아 보강하기
- **초매기와 기준 장연** : 추녀에 초매기 자리, 서까래 나이 0번 장연 놓기, 초매기 평고대 연결, 연결자리 장연 놓기
- **장연** : 평고대 곡에 따라 장연 걸기
- **갈모산방** : 하부 도리 위에 맞추기, 추녀 받침자리 그랭이 맞추기, 추녀와 장연, 평고

대 먹선으로 연결, 갈모산방 곡 떠서 깎아 연정으로 고정

- **선자연** : 선자연 초장~막장 평고대 간격 배치하고 연정, 단연 걸기
- **장연 개판, 선자연 개판** : 평고대에 끼우고 연정 구부려 고정
- **사래** : 추녀와 그랭이 곡 떠서 사래 수평 맞추기, 초매기 위에 올라타고 이매기 자리 파기
- **이매기와 기준 벌부연** : 사래에 이매기와 나이 0번 부연 놓기, 이매기 평고대 연결, 연결자리 부연 붙이기
- **고대부연** : 선자연과 고대부연 간격 맞추며 이매기의 곡에 맞게 걸기
- **부연착고** : 초매기 위에 곡에 맞춰 부연착고 끼우기
- **부연개판** : 이매기 홈에 부연개판, 고대부연 개판 끼우고 연정 구부려 고정하기
- **뺄목 자리 받침** : 뺄목 받침 그랭이 떠서 개판 위 붙이기
- **뺄목 동자주와 박공** : 뺄목 창방, 뺄목 소로, 뺄목 장여, 뺄목 도리 놓기, 집부사 걸기, 추녀 위 단연 붙이기, 풍판 붙이기, 박공 붙이기, 목기연 끼우기, 목기연 개판 깔기, 누리개(연목누리개, 부연누리개), 종심목, 덧량 붙이기
- **목와** : 덧추녀와 덧서까래, 가로목, 목와 붙이기

제장

수 장

인방 조립

수장구멍은 기둥 치목 시 미리 파두기도 한다. 미리 파둔 수장구멍은 기둥의 변화로 약간씩 돌아가게 되므로 다시 사개부리와 자를 대고 수정할 필요가 있으며 벽체로 마감되므로 가려지게 되어 보이지 않는다.

수장은 기와가 실려 집에 안정적으로 하중이 실렸을 때 드린다. 인방은 하인방, 상인방, 중인방 순으로 조립한다.

기둥 하인방은 기둥을 조립하면서 바로 끼워 기둥이 돌아감을 방지하기도 한다.

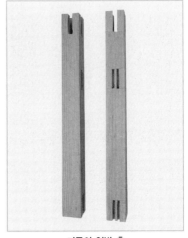
기둥의 인방 홈

(1) 인방의 치목

인방의 폭은 장여를 기준으로 하고 상인방은 장여의 높이를 넘지 않도록 하고, 중인방은 장여와 같거나 조금 크게, 하인방은 머름하방으로도 사용하며 장여의 높이와 같거나 조금 더 길게 한다. 하인방은 문울거미 부위에는 건지 걷어서 문턱으로 사용한다.

인방은 폭을 1/3 등분하여 가운데를 파내

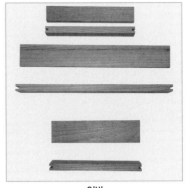
인방

고 쌍갈 타는데, 한쪽은 2치 쌍갈(우측 방향), 한쪽은 1치 쌍갈(좌측 방향)로 하여 2치 쪽을 기둥에 넣었다 1치 방향으로 빼서 되맞추고 2치 쌍갈 홈을 쐐기로 박아 고정한다. 인방은 미관을 고려하여 모 접거나 쌍사를 치기도 한다. 단, 하인방은 쌍사를 치지 않고 모만 접는다.

(2) 인방의 조립

　인방은 쉽게 조립되지 않는다. 인방 조립 시에는 나무가 줄어들어도 틈이 생기지 않도록 빡빡하게 조립해야 한다.

　또한 인방이 금세 마르고 틀어지므로 인방은 바로 치목하여 조립한다.

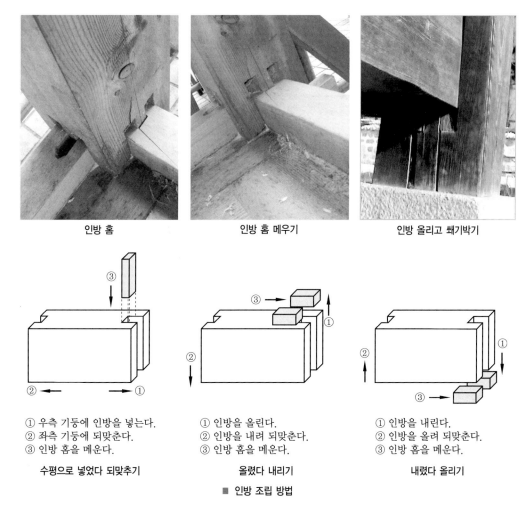

| 인방 홈 | 인방 홈 메우기 | 인방 올리고 쐐기박기 |

① 우측 기둥에 인방을 넣는다.　　① 인방을 올린다.　　　　　　① 인방을 내린다.
② 좌측 기둥에 되맞춘다.　　　　　② 인방을 내려 되맞춘다.　　　② 인방을 올려 되맞춘다.
③ 인방 홈을 메운다.　　　　　　　③ 인방 홈을 메운다.　　　　　③ 인방 홈을 메운다.

수평으로 넣었다 되맞추기　　　　**올렸다 내리기**　　　　　　**내렸다 올리기**

■ **인방 조립 방법**

　인방을 우측 기둥에 끼워 넣었다가 인방 홈에 빠루를 넣어 좌측 기둥에 빼어 맞춘다(넣었다 빼기). 인방을 상부로 들어올렸다가 되맞추거나, 내렸다가 올려 되맞춘다.

(3) 인방의 조립 도구

인방 조립 시에는 특별한 도구들이 필요하다. 인방이 변화할 때 물어서 틀어 줄 수 있는 인방 틀개, 인방 홈에 넣어서 되빼낼 수 있는 빠루, 인방을 두드려 박을 수 있는 목메, 목메를 칠 때 인방에 대는 메대가 있다.

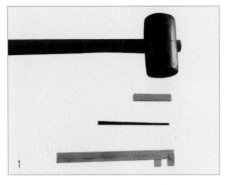

1. 인방 설치 도구
2. 메대
3. 인방 틀개, 빠루

(4) 인방의 조립 시기

인방은 기와를 올리고 나서 조립하는 것이 보통이다. 기와 무게로 집이 하중 을 받은 후에 조립한다. 조립의 편리를 위해서 상인방과 하인방은 구조재 결 구 시에 같이 조립하기도 한다.

마루 놓기

마루에는 동바리를 받치고 위에다 조립하는 동바리마루와 기둥에 끼우는 귀틀마루가 있으며, 마루판의 형태에 따라 장마루와 우물마루가 있다. 전통적으로 귀틀우물마루를 많이 사용한다.

(1) 장귀틀

전면 기둥에서 후면 기둥까지 걸쳐 대는 통재를 장귀틀이라 한다.

장귀틀은 폭을 높이보다 크게 한 부재로, 벽 옆의 폭은 중앙 귀틀의 1/2로 하고 중앙 귀틀은 기둥보다 크거나 같게 한다.

장귀틀

귀틀은 기둥에 꽂기도 하고 주초 위에 기둥과 접하기도 하나 대부분 기둥을 조금 파내고 끼워 넣고 되맞춘다. 되맞추기보다는 기둥을 약간 벌렸다가 두드려 박는다. 귀틀의 조립 시에도 힘이 들어서 체인 블록으로 당기거나 자키로 밀어붙이거나 메로 치든가 별별 도구를 다 동원한다.

장귀틀 자리

기둥을 따낼 때 코너는 모 따내고 중앙은 옆으로 귀틀을 때려 박으므로 경사 따낸다. 장귀틀도 코너 자리는 모 따내고 중앙 귀틀은 경사 딴다.

벽에 밀착되는 장귀틀은 가조립하여 그랭이 뜬 후 벽에 밀착시킨다. 주초 위에 올라타는 부분도 수평 보며 그랭이 뜨거나 쐐기를 쳐서 수평을 맞춘다. 장귀틀에는 동귀틀 자리를 미리 파 두는 것이 작업에 유리하다.

하인방 장귀틀 자리

장귀틀 조립

중앙 장귀틀 자리　　　　　　중앙 장귀틀 끼우기

(2) 동귀틀

장귀틀에 직각으로 건너 질러 연결하는 귀틀을 동귀틀이라 한다. 동귀틀은 장 귀틀보다 1~2치 폭이 좁은 부재로 비례를 맞춘다. 장귀틀과 동귀틀은 각재를 쓰기도 하고 통나무 부재를 절반 켜거나 통나무의 상하부만 켜서 사용하기도 한 다. 통나무를 사용할 때는 기둥에 연결되는 부위만 홈에 맞게 깎아서 사용한다.

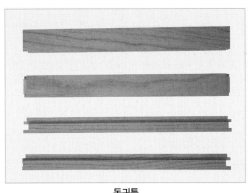

동귀틀

동귀틀은 통 넣고 되물려 조립하는데 큰 부재를 되물리기 어려우므로 그림처 럼 깎아서 ⓐ부분에 부목을 대고 쳐서 ⓑ부분이 장귀틀에 들어가면 ⓒ부분 하 부와 장귀틀의 공간에 쐐기를 박아 채운다.

ⓐ의 홈은 마루판을 하부에서 조립할 수 있도록(은혈덮장) 마루판에 끼울 홈 을 병행할 수 있다.

동귀틀

마루장 끼울 홈으로 사용 시에는 마루를 끼운 후 부목을 밑에 대고 못 박아 마루장이 떨어지지 않도록 하면 된다.

장귀틀과 동귀틀은 상하 갈래 쳐서 끼우기도 한다.

동귀틀에는 마루장 끼울 홈을 홈대패로 미리 파서 끼운다. 장귀틀과 동귀틀 은 인방과 맞닿을 수도 있고 인방에 홈을 파고 끼울 수도 있다. 동귀틀의 간격은 마루판의 길이에 따라 다르지만 1~4자 정도로 한다.

동귀틀은 장귀틀과 5~7푼 흘림을 주어 구멍을 파고 끼워 넣는다.

장귀틀 조립

마지막 장귀틀, 동귀틀 자리

기둥 하부

동귀틀 자리 마감

동귀틀 조립

(3) 마루판

우물마루는 짧은 판재를 끼워서 넓은 바닥을 만든 조상들의 지혜이다. 마루판은 별도의 판재를 사용하기도 하지만 전통적으로 구조재를 켜고 남은 변재목을 사용하기도 하였다.

마루

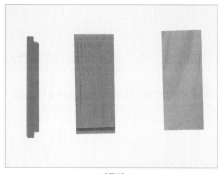

마루판

준비된 마루판을 심재 부분이 위로 향하도록 동귀틀 위에 마루판을 널어 놓는다. 이때 보이는 쪽의 나뭇결과 모양을 잘 맞추어야 마루판의 전체적인 모양이 아름다우므로 유의하도록 한다.

동귀틀 위에 마루판을 배열하고 5~7푼의 흘림을 준 먹선대로 먹을 쳐서 마루판에 먹선이 남도록 하고 순서대로 번호를 매긴다.

먹선대로 동귀틀 홈에 들어갈 수 있도록 반턱 따낸 후 마루판을 끼우면 된다. 우물마루는 넓은 쪽에서 좁은 쪽으로 끼워 밀착시켜 만든 것으로 마루판의 폭에 상관없이 끼울 수 있는 장점이 있고 마루판이 말라서 줄어들면 더 끼워 넣어 틈을 메울 수 있다.

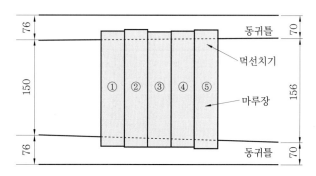

(4) 마루판 끼우는 방법

마루판을 끼울 때는 막덮장과 은혈덮장의 방식으로 끼운다. 막덮장은 동귀틀의 상부를 따고 위에서 덮어 홈으로 밀어 넣는 방식이고 은혈덮장은 동귀틀의 하부를 파고 아래에서 홈으로 밀어 넣는 방식이다.

막덮장의 마지막 장은 위에서 놓고 못을 쳐서 고정하고 은혈덮장의 마지막 마루판은 밑에서 위로 받치고 마루판 하부에 부목을 대고 못으로 고정한다.

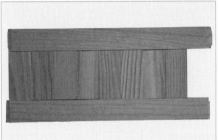

마루판 조립

마루 하부

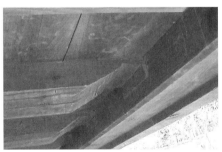

동귀틀 하부   동귀틀 하부 메움

은혈덮장 마감

인방 올리고 하부 메움

(5) 귀틀의 침하 방지

장귀틀과 동귀틀의 하부에 동자주를 받쳐서 침하를 방지하기도 한다.

 나무에 콩물 바르기

나무는 자연 그대로 아름다우나 오물이 묻을 수 있는 부위에 콩물을 바르면 색도 예쁘고 오물도 쉽게 제거할 수 있다.

① 콩을 물에 하루 정도 불린다.(콩 : 물＝1 : 5~7)
② 곱게 간다.
③ 무명 자루에 콩물만 짜낸다.
④ 콩물에 들기름을 섞는다.
　오염이 많은 곳(마루) → 콩물 : 들기름＝1 : 2
　오염이 적은 곳(기둥) → 콩물 : 들기름＝1 : 4
⑤ 걸레로 닦듯이 칠하고 마른 후 한 번 더 칠한다.
⑥ 마른 걸레로 자주 문지르면 윤이 나고 오물도 지워진다.
＊ 콩물에 섞은 들기름 냄새 때문에 벌레의 접근도 줄어든다.

머 름

머름은 창 아래 위치하여 겨드랑이 정도 높이로 방에서 팔을 뻗었을 때 편안하게 걸치거나 외부에서 방바닥이 보이지 않을 정도로 사생활이 보장되는 절묘한 높이이다.

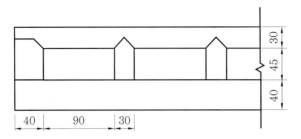

머름

머름

머름중방

　머름 들일 때 마루에는 양쪽 제비추리를 내고 방에서는 한쪽만 제비추리를 낸다. 머름중방은 등을 아래로 하여 좌우를 눌러 맞추어 가운데 머름동자와의 틈이 없도록 한다. 머름하방은 쌍갈로 넣었다가 되맞추고 머름중방은 상부에서 쐐기 쳐서 눌러 맞춘다.

　머름하방은 하인방을 그대로 쓰기도 한다. 머름하방은 상부에 목기만 치고 머름동자의 가운데 중심에 쌍사를 치고 머름동자의 쌍사에 맞추어 어미동자와 머름중방에 쌍사를 넣는다. 어미동자와 머름동자의 하부는 진저리를 쳐서 목기와 맞게 한다. 어미동자의 장부와 머름중방의 맞춤은 쌍사선의 상부 중앙선에 맞추어 요철이 발생하지 않도록 하는 사례도 있다. 이때는 쌍사의 상부 중앙과 어미동자의 상부 선단을 일치 하도록 한다.

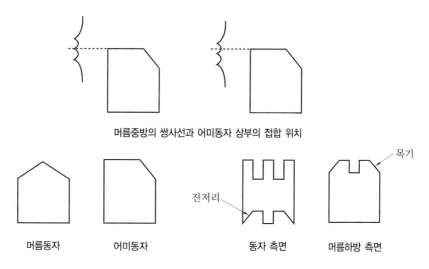

머름중방의 쌍사선과 어미동자 상부의 접합 위치

머름동자   어미동자   진저리   동자 측면   목기   머름하방 측면

제비추리 부위가 잘 맞을 수 있도록 모든 먹선을 살려 두었다가 깎아 맞추는 것이 틈이 발생하지 않도록 하는 요령이다. 특히 머름중방의 한쪽(우측) 어미 동자 상단부 연귀 쪽은 5푼 정도 연귀를 덜 따서 어미동자와 결구 시에 수평거 리를 재어 연귀를 따야 꼭 맞출 수 있다.

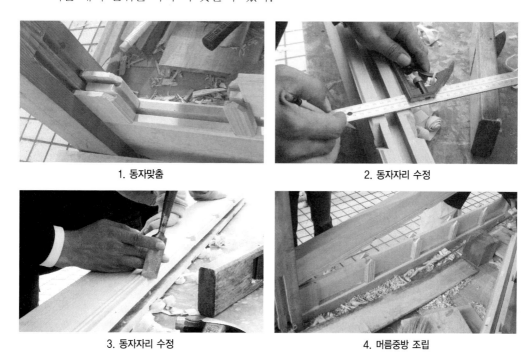

1. 동자맞춤   2. 동자자리 수정

3. 동자자리 수정   4. 머름중방 조립

어미동자와 머름동자   어미동자

머름동자(동자루) 자리   어미동자 자리

　머름중방은 좌우 상부의 삼면을 쌍사치기도 한다. 진저리는 부서지기 쉬우
므로 물에 불렸다가 조립 후 망치로 두들겨 패기도 한다.
　머름의 폭은 수장(장여)폭을 넘지 않도록 한다. 문울거미를 고려할 때 수장폭
보다 8푼 정도(3치 수장이면 2치 2푼) 좁게 한다. 머름하방의 상부, 머름중방
의 하부, 어미동자의 좌 또는 우측의 한 방향, 머름동자의 좌우에는 홈대패로
홈을 파고 머름청판을 끼운다. 머름청판은 턱 따지 않고 그대로 홈에 끼운다.

머름동자, 어미동자 머름청판

1. 어미동자 맞추기
2. 어미동자 가조립하여 거리 재기
3. 어미동자 자리 5푼 정도 남겨둔 머름중방의 위치 맞추기
4. 어미동자 자리 위치 확정
5. 어미동자 자리 수정
6. 수정 후 머름중방
7. 머름중방 조립

문선 끼우기

문울거미는 15×22이고 건지 걷는 정도는 문울거미에 비례하여 정하는데, 수장 30, 40, 45, 50, 60에 따라 창호와 비례를 고려하여 처리한다.

좌우 문선은 기둥에 그랭이 떠서 맞추기도 하고 독립적으로 수직으로 세우기도 한다. 창문 문선은 상하부 양갈 파서 끼우고 중방을 위로 올려붙이고 중방 하부를 산지를 박아 고정시킨다.

출입문은 상방과 하방을 연결하여 끼우게 되는데 자키로 들어 올려 끼운다.

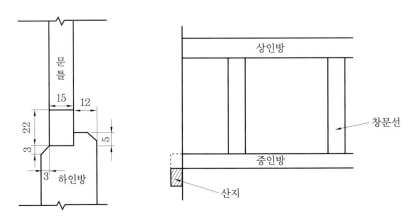

한옥은 나무로 구성되어 조립 후에도 나무가 마르고 뒤틀려서 계속적으로 변화가 생긴다. 건조하면 줄고 습하면 늘어나는 숨쉬기를 한다. 나무의 성격상 탄력이 있으므로 넣었다 빼거나 자키로 들어 두드리고 패서 사용해도 무리가 없다. 서로 연결되어 있기에 기둥 하나를 빼어 갈아 끼울 수도 있다.

때에 따라서는 억지로 끼우고 빼기도 한다. 잘못했을 경우에는 부연의 예처럼 덧붙이기도 하고 상감 처리하기도 한다.

목수의 눈썰미와 임기응변의 솜씨로 아름답게 처리해 나가는 슬기를 발휘하여 옹이의 빠진 자리나 쪽 떨어진 곳, 연정한 곳에 상감 기법의 아름다운 무늬를 박으면 보기도 좋다.

한옥은 고정되어 있되 변화할 수 있는 생명력이 있는 건축물이다.

반 침

공간이 협소한 한옥에는 이불장이나 옷장 등 수납고를 달아낼 필요가 있었다. 수납고에 문을 해달면 저장물을 감추어 보기 싫은 부분을 가려주는 역할도 하였다. 벽체를 세우기 전이나 세운 후라도 수납고의 위치를 잡아서 수장이나 기둥을 파고 수평 부재를 드리워서 반침을 만든다.

외부로 빠져 나오는 반침은 쌍갈 타서 끼우거나 주먹장으로 내려 박아 수평재를 연결한 후 외부 수직재는 기둥 반턱 사개 형식으로 물리거나, 주먹장으로 연결, 촉박아 산지박기로 고정시키고 기둥 하부는 동자주로 받쳐 주초한다.

방 내부를 칸 지르고 층을 지워 문을 달아 붙박이장 형식으로 만들 수도 있다. 붙박이장 형식은 벽체를 마감하여 반침을 외부로 뺄 수 없을 경우에 많이 사용하였다.

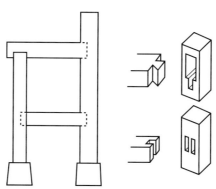

곳간 반침

외부 반침

부엌 반침

다 락

　부엌 바닥은 구들 높이만큼 방이나 마루보다 낮으므로 부엌의 높이는 방의 높이보다 길다. 따라서 위의 공간을 막아 다락으로 활용하는데, 다락은 저장고의 역할도 하고 안방과 부엌 위를 통하여 부엌 옆의 골방 창고와 연결시키는 연결 통로로도 사용하였다. 따라서 다락의 출입구는 안방에서 연결시키는 것이 보통이다. 다락은 기둥과 기둥을 마루 짜듯이 장귀틀과 동귀틀을 짜서 넣든가 못 박아 고정시키고 주로 장마루를 올려 짰다. 제혀쪽매로 연결하고 숨은 못치기로 고정한다. 다락의 상부에 살창을 내거나 들어새연을 내어 공기 구멍을 내고 햇빛이 들어오도록 하여 채광을 주기도 한다.

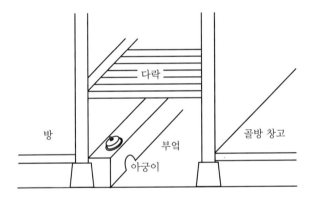

다 락

반 자

　연등천정으로 서까래와 대들보를 그냥 노출시키기도 하고, 반자로 처리하기도 하였다. 대청은 연등천정으로 하고 방은 반자로 처리하든가 종이를 발라 서까래가 보이지 않도록 하는 것이 일반적이다.

반 자

　2치~2치 5푼 각재로 일정 간격으로 받을장 반턱 따서 도리 하단부터 맞춰 장연에 수평으로 못을 박아 대고, 위에 업을장 반턱 각재를 올리고 못을 박아 우물 정(井)자 모양으로 반자틀을 만든다.

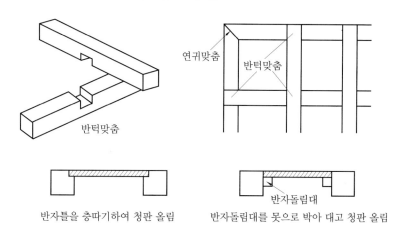

연귀맞춤　반턱맞춤

반턱맞춤

반자돌림대

반자틀을 층따기하여 청판 올림　　　반자돌림대를 못으로 박아 대고 청판 올림 반자틀을 층따기하여 반자청판을 올리기도 하고, 반자대를 못으로 박아 고정시키고 반자청판을 올리기도 한다. 반자대는 모양을 내어 오려서 사방 연귀맞춤을 한다. 반자 드릴 방에 서까래를 붙이기 전에 반자 작업을 먼저 하고 서까래를 조립하기도 한다. 반자청판은 못을 박아 고정시키기도 하고 그냥 올려놓기도 한다.

연귀 반턱맞춤

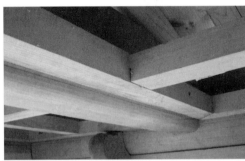

반턱맞춤

반 자

반자 확대

 벽 체

벽체는 인방 사이를 수직으로 구멍 파서 중깃을 일정 간격으로 끼웠다 되물려 박거나 빗못쳐서 고정시킨다. 기둥과 중깃 사이에 설외를 촘촘히 세우고 가로로 눌외를 새끼로 붙들어 매는 것이 전통 방식이나 최근에는 쫄대를 가로, 세로로 못을 쳐서 손쉽게 설외와 눌외를 설치한다. 이어서 안벽부터 치고 일정 기간 마르면 외벽을 친다.

벽 두께는 외부는 수장 폭을 넘지 않게 하고 내부는 기둥 폭을 넘지 않게 해야 모양이 좋으나 단열을 위해 내부 벽체가 기둥 폭을 넘어도 무방하다. 벽은 황토와 모래에 짚을 일정 비율로 섞어 떨어지지 않도록 붙인다.

최근에는 황토 벽돌로 쌓아서 벽을 만드는 것이 쉽고 빠르다. 벽체의 두께를 1자~1자 5치 이상으로 두껍게 하면 단열 효과가 커서 여름에 시원하고 겨울에 보온이 잘된다.

기둥과 벽체가 틈이 생기기 쉬우므로 최근에는 기둥 치목 시에 미리 홈을 파두기도 하고 기둥에 쫄대를 못으로 박아 대어 틈막이를 만든다. 벽체는 흙이 잘 마르는 봄, 가을에 시공하는 것이 좋다.

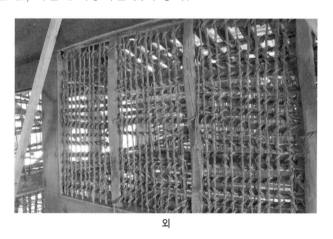

외

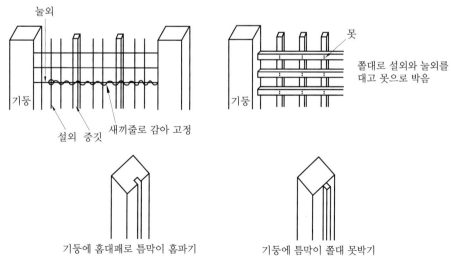

기둥에 홈대패로 틈막이 홈파기　　　　기둥에 틈막이 쫄대 못박기

창 호

벽체 마감 후 구들을 들이는데 구들방은 관리상 방마다 만들 필요도 없고 1 ~2개의 방만 구들을 놓고 나머지 방은 온돌을 들여 보일러 시공하는 것이 관리하기에 편리하다.

부엌도 구들방에는 전통식 부엌을 하고 온돌방에는 온수 보일러를 설치하여 현대식으로 주방을 실내로 끌어들여 놓는 것이 생활하기에 편리하다.

한옥에 전통 방식뿐만 아니라 현대식의 편리한 기능을 접목시켜 보다 살기에 편리하도록 만든다. 구들과 온돌의 설치가 완료되면 창호를 달게 되는데 창호는 집의 얼굴이다.

주로 창호 전문가에게 제작하도록 하나 각끌기가 있다면 손수 제작해서 다는 것도 좋다. 하나하나 정성 들여 짜서 달면 소목 창호의 손맛도 느끼고 개성 만점인 하나밖에 없는 집이 완성된다.

문은 한꺼번에 다 달아도 좋고 사용해 가면서 하나하나 달아가는 것도 좋다. 서둘러 무리할 필요는 없다. 창호지 문뿐만 아니라 유리창 문을 낼 수도 있고 새시를 부착하는 이중 문도 활용할 수 있다. 단, 문과 창은 전통식을 고수해야 한옥과 조화를 이루어 보기 좋다.

판문과 부엌문, 대문은 나름대로의 창작 아이디어를 내서 짤 수 있다. 다만, 경첩과 문고리는 전통식으로 달아야 멋이 난다.

문은 잘 짜놓고 경첩과 문고리를 현대식 철재로 달아 버리면 양복에 갓 쓴 꼴이 되니 유의해야 한다. 한옥에는 어디까지나 조화미가 있어야 한다.

벽체를 시공하면서 살창, 들창, 붙박이창, 팔각창, 눈꼽쟁이창 등을 만들어 달면 전통 한옥의 멋과 편리성, 비례미를 표현한 우리 조상들의 손맛이 얼마나 우아한지 감탄하게 된다.

❀ 혼이 깃든 작품 ❀

절을 지으라고 목수를 불렀는데 목수가 짓지는 않고 계속 조각과 부재만 깎고 있었다. 목수는 머릿속에 집 모양을 그리고 부재들만 깎았기에 그를 보는 사람은 집을 짓지 않고 계속 나무만 깎고 있는 것으로 여겼다. 목수는 주위에 신경 쓰지 않고 오직 부재만 깎았다. 포를 구성하는 소로와 부재들의 개수가 엄청나게 많았다. 형태도 비슷비슷하여 같게 보였다. 짓궂은 동자 스님 한 분이 몰래 한 토막을 감추었다. 목수가 문득 한쪽이 부족함을 알자 하소연을 하였다. "나도 이제 늙었나 보다. 분명 개수를 맞추어 깎았다고 생각했는데 한 토막이 부족한데……."

목수는 주지 스님에게 자신은 신성한 절을 짓는 목수의 자격이 부족하다며 하산을 고집하였다. 주지 스님의 간곡한 만류와 동자 스님의 사죄로 일단락되었으나 목수는 이미 부정한 조각이라고 사용하지 않고 그대로 조립해 버렸다.

그 유명한 한 토막 없는 건축물의 유래이다. 목수의 지조와 정성 그리고 완벽함이 돋보이는 전설 같은 이야기이다. 목수는 머릿속으로 집을 구성하고 부재의 치수와 개수, 그들의 구성까지 완벽하게 그리고 있었으며 신성시하기까지 했던 것이다. 자기의 일에 대한 집착과 자부심으로 잃어버린 조각은 빼고 조립해 버리는 고집스러움, 그것은 비움의 미학, 여운의 아름다움으로 승화되어 전수되었다.

단청은 집의 아름다움을 돋보이게 하고 나무의 수명을 연장시키며 새로운 의미를 더해준다. 화사는 주로 스님이 하였으나 미술에 뛰어난 재능을 보여주는 화사는 초빙되었다. "그림 작업을 할 때는 절대로 보면 안 됩니다. 100일이 걸립니다. 식사는 구멍으로만 넣어 주시고 절대 문을 열거나 들여다보면 안 됩니다." 외부의 단청은 족장목을 받치고 작업하므로 쉬우나 천장의 단청은 동바리 작업이 따라야 하므로 하기 어려운 것이다. 단청을 그리는 일은 혼자서 하는 작업으로, 일종의 신내림이었다.

화사가 안에 들어간 지 99일, 죽었는지 살았는지 기척도 없다. 궁금증을 참지 못한 동자 스님이 손가락으로 한 군데 침을 발라 구멍을 뚫고 들여다보고 말았다. 사람은 보이지 않는다. 단청 그림은 보이는데 어디에 화사가 있을까? 구멍의 크기를 더 넓혀 궁금증을 해소하려고 하였다. 새 한 마리가 입에 붓을 물고 날아서 천장에 단청을 그리고 있다가 구멍으로 날아가 버렸다. 화사는 새로 변하여 미완성된 단청만 남기고 다시 돌아오지 않았다.

화사가 어찌 새로 변했을까? 화사는 목숨을 걸고 그림에 미쳐, 혼신의 정열을 다해 단청을 그리다가 절명한 것이다. 스님이 화사를 찾았을 때는 죽은 사람뿐이었고 문득 새 한 마리가 날아들었는데, 새로 윤회한 것이리라. 혼이 깃든 작품에는 화려함보다는 절제와 균형, 조화와 겸허한 엄숙함이 깃들어 있어 고개를 숙이게 한다.

구들

구들은 돌이나 흙으로 불길을 만들고 돌로 불길 위를 덮고 흙으로 틈새를 막은 순수한 우리의 난방 장치이다.

베르누이의 정리가 나오기도 전에 우리 선조들은 구들에 부넘기(불넘기, 불목 : 좁은 구멍)를 만들어 불을 빠르고 힘차게 멀리까지 보내는 방법을 알았으며 불기를 빨아들이고 뜨거운 연기를 머무르게 하여 열기를 식힌 다음 잘 배출되도록 구들 윗목에 개자리를 깊게 파서 불과 연기를 다스려 따뜻함을 머무르게 한 후 굴뚝으로 연기를 내보낸다.

연료로는 나무뿐만 아니라 볏짚, 낙엽, 심지어 쓰레기까지 사용되었다. 연료를 마련하기 위해 장작을 패거나 땔감을 모음에 따라 운동도 저절로 해결되었다.

구들 속의 뜨거운 불과 연기가 수맥을 차단하고 습기를 제거하였으며 돌과 흙에서 나오는 원적외선은 일에 지친 사람들의 몸을 따스히 어루만져 주었다. 구들 아궁이 속의 타고 남은 속불은 재와 함께 고구마나 감자를 구워 먹을 수 있는 군불로 활용되어 참거리 해결에도 일조를 했다. 태우고 남은 재는 유용한 거름이 되어 농사에 재활용되었다. 구들 입구에 가마솥을 걸고 밥을 할 수 있으며 물을 데워 요긴하게 쓸 수 있어 일석오조의 멋진 난방 장치였다.

편리성을 추구하는 온돌 보일러나 전기 시설에 밀려 사라져 버린 구들은 우리가 잊어버리고 있는 보고이다. 구들방 하나들이면 다른 방에는 구들에서 나오는 열만으로도 30평 이상 온돌 보일러를 사용할 수 있을 정도로 열효율이 좋다. 뜨거운 불이 돌과 흙을 데우면서 찜질방의 역할도 하니 침대나 보일러, 전기장판은 도저히 따라올 수 없다. 난방 기능으로 겨울에 유용할 뿐만 아니라 무더운 여름에도 습기를 제거하고 쾌적한 실내를 유지시켜 준다.

구들방에서 잠자고 나면 피로가 씻은 듯 풀리고 찌뿌듯하던 몸도 가뿐해진다. 나이가 들수록 구들의 효과는 절실해진다. 현대의 난방 장치가 따를 수 없는 가치가 구들 속에 숨어 있다. 구들은 한옥의 백미이다.

제 **5** 장

시공 사례

 물 목

단위 000=尺寸分(1尺=30.3cm)

명 칭	길 이	가 로	세 로	수 량	재 적(才)
평 주	900	100	100	20	1,500
고 주	1,300	100	100	4	433.3333
익 공	380	40	110	14	195.0667
창 방	645	70	90	2	67.725
	870	70	90	6	274.05
	420	70	90	1	22.05
귀창방	840	70	110	2	107.8
	615	70	110	1	39.4
	915	70	110	2	117.425
	1,065	70	110	4	273.35
	1,065	70	110	1	68.3
	1,260	70	110	1	80.8
주 두	40	120	120	20	96
소 로	30	60	60	131	117.9
주심장여	660	30	70	2	23.1
	885	30	70	6	92.9
	435	30	70	1	7.6
주심귀장여	825	30	70	2	28.8
	600	30	70	1	10.5
	900	30	70	2	31.5
	1,050	30	70	4	73.5
	1,050	30	70	1	18.375
	1,200	30	70	1	21
퇴 량	555	80	120	4	177.6

명 칭	길 이	가 로	세 로	수 량	재 적(才)
대 량	1,455	120	160	4	931.2
측 량	855	100	160	1	114
	1,005	100	160	1	134
충 량	830	100	160	1	110.6
	980	100	160	1	130.6
종량(3량)	1,120	100	120	3	336
장 연	1,000	60		123	3,690
단 연	700	60		70	1,470
선자연	1,400	80		12	896
	1,300	80		12	832
	1,200	80		12	768
	1,100	80		12	704
	1,000	80		12	640
부 연	600	30	40	123	738
고대부연	800	30	40	18	144
	700	30	40	18	126
	600	30	40	18	108
장연개판	950	10	100	123	973.95
단연개판	600	10	100	70	350
선자개판	800	10	100	54	360
부연개판	300	10	100	50	125
고대부연개판	500	10	200	54	450
부연착고	150	10	50	204	127.5
합각받침목	800	50	70	2	46.66667
합각연목	700	60		4	84
	800	60		4	96
	900	60		4	108
	1,000	60		4	120

명 칭	길 이	가 로	세 로	수 량	재 적(才)
집부사	1,200	70		4	196
풍판받침대	1,500	50	70	2	87.5
풍 판	900	10	100	24	180
풍판쫄대	900	20		24	72
풍판띠장	100	30	50	2	2.5
	150	30	50	2	3.75
박공(5량)	900	20	200	4	120
목기연(5량)	410	30	40	18	73.8
목기연받침(5량)	900	40	50	4	60
목기연개판(5량)	900	10	100	4	30
종심목	1,200	100		1	300
	900	100		8	75
평고대(이매기)	1,500	30	40	9	135
	1,200	30	40	4	48
연 함	1,500	30	40	9	135
	1,200	30	40	3	36
	900	30	40	1	9
동자주	150	100	100	7	87.5
종량(5량)	1,120	100	120	4	448
판대공(5량)	220	40	120	6	52.8
	260	40	100	6	52
	300	40	110	6	66
판대공(3량)	220	40	120	4	35.2
	260	40	100	4	34.66667
중장여	1,550	30	70	2	54.25
	1,200	30	70	1	21
	900	30	70	2	31.5
	1,500	30	70	2	52.5

명 칭	길 이	가 로	세 로	수 량	재 적(才)
종장여(3량)	1,050	30	70	1	18.375
	450	30	70	1	7.875
	900	30	70	1	15.75
	1,100	30	70	1	19.25
주심도리	660	100		2	110
	885	100		6	442.5
	435	100		1	36.25
	825	100		2	137.5
	600	100		1	50
	900	100		2	150
	1,050	100		4	350
	1,050	100		1	87.5
	1,200	100		1	100
중도리	1,550	100		2	258.3
	1,200	100		1	100
	900	100		2	150
	1,500	100		2	250
종도리(3량)	1,050	100		1	87.5
	450	100		1	37.5
	900	100		1	75
	1,100	100		1	91.6
개판(3량)	900	10	100	2	15
목기연받침(3량)	1,100	40	50	2	36.66667
목기연(3량)	410	30	40	24	98.4
평고대 이매기(3량)	1,500	30	40	9	135
	1,200	30	40	3	36
	900	30	40	1	9
박공(3량)	1,250	20	300	2	125

명 칭	길 이	가 로	세 로	수 량	재 적(才)
종창방	650	70	90	1	34.1
	900	70	90	3	141.75
	800	70	90	1	42
종장여	650	30	70	1	11.3
	900	30	70	3	47.25
	800	30	70	1	14
종도리	650	100		1	54.1
	800	100		2	66.6
	900	100		3	225
추녀	1,700	80	200	3	680
사래	900	80	120	3	216
갈모산방	500	50	70	6	87.5
평고대 초매기	1,500	35	45	9	177.1875
	1,200	35	45	3	47.25
	1,200	35	45	1	15.75
	600	35	45	1	7.875
인방	675	30	70	8	94.5
	450	30	70	8	31.5
	750	30	70	4	52.5
	900	30	70	24	378
하인방	675	30	70	4	47.25
	450	30	70	2	15.75
	750	30	70	2	26.25
	900	30	70	12	189
문선	900	30	50	40	450
	600	30	50	20	150
장귀틀	1,320	80	70	3	184.8
	870	80	70	6	243.6
	420	80	70	3	58.8

명 칭	길 이	가 로	세 로	수 량	재 적(才)
동귀틀	870	70	50	12	304.5
마루판	180	15	100	128	288
나비장	50	30	20	24	6
합 계					28,506.7

* 머름, 판문, 받침, 다락 등은 생략

기준점과 치목

치목의 순서는 조립과 관계가 있다. 나무는 사면이 일치하지 않는다. 터지거나 돌아가고 건조와 습기가 반복되고 항상 변화한다. 치목할 때는 조립의 방향이 중요하다.

장여는 기둥의 상부에서부터 장여의 하부를 끼우므로 하부에서 상부로 수직 그리고 상부에서는 수직 선단의 두 점을 연결한다.

① 수평선에 ②, ③ 수직선을 올리고
④ 수평선은 ②와 ③의 선단을 연결한다.

주두는 익공에 결구되고 주두 상부는 접점이 없으므로 주두굽과 장여 바닥까지의 높이가 중요하다.

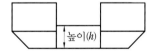

대량은 보목의 높이가 중요하고 보 높이는 동자주로 맞추므로 고려할 필요가 없으며, 퇴보는 보목의 높이와 기둥 결구 부위의 산지 높이가 중요하고, 종량은 보목의 높이의 수평이 맞아야 한다.

한옥의 결구 방법은 융통성이 많다. 각도를 조금 넓혀주거나, 틀어서 넣기(인방), 밀어 넣었다 빼기, 옮겼다 다시 위치로, 자키로 강제로 들어 올렸다 내리기, 쐐기 박기, 그랭이 뜨기 등의 원시적인 방법이 많다. 못을 사용하지 않고 깎아서 결구하기 때문이다.

 ## 먹을 치는 도편수

나무가 줄어드는 것까지 감안해서 먹을 친다. 보통 5치에 1푼씩 여유를 준다. 긴 목재는 먹을 칠 때 끊어서 친다. 끊어서 칠 때는 점을 찍어 가며 먹줄로 직선을 내다보고 먹을 치고 연결하면서 먹을 친다.

먹선을 친 후 먹줄로 내다보고 직선을 확인하면서 먹선을 쳐나가야 정확한 수평 먹선을 칠 수 있다.

5치에 1푼 여유   중앙에 점찍어 내다봄

 ## 나무를 다루는 방법

나무는 제재소에서 켜서 가지고 오는 것으로 한다. 나무를 모탕 위에 등이 위로, 배가 아래로 가게 하여(나이테가 좁은 것이 위로, 넓은 것이 아래로) 수평을 위치시킨다. 십반먹(+)을 치고 원구와 말구를 연결하고 원구, 말구를 표시해 둔다.

나무를 깎고 나면 원구와 말구의 구분이 어려워지므로 말구에 표시를 해두어 구분할 수 있도록 해둔다. 먼저 양볼을 쳐내고 껍질을 벗긴다. 이어서 상하 껍질을 쳐낸다. 다시 모탕 위에 수평을 유지하고 수직추를 내려 다림 보아 원·말구를 수직으로 절단한다.

원·말구에 십반먹(+)을 그리고 연결하여 중심선을 그린 후 구체적인 치목으로 들어간다.

기둥 치목

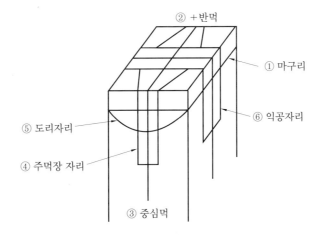

(1) 마구리 자르기

각주든 원주든 마구리를 수평으로 잘라야 한다. 단, 그랭이발을 남겨 두고 잘라야 한다.

① 수선 보기 : 2개의 목재를 마주 보아 수선을 긋는다. 이것이 기준 먹선이다.

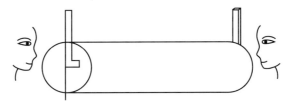

② 기준 먹선에서 수평 중심선과 상부 교차 수평선 그리기 – 곡자를 대고 그리거나 수준기를 대고 수평선을 그린다.

수평선

③ 수평선 양끝에서 수직추 내려 연결 수선 그리기 – 3선 완성

④ ③의 3선 좌우측을 연결하면 마구리 먹선이 완성된다.

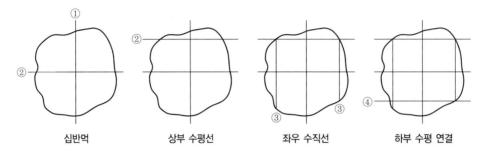

| 십반먹 | 상부 수평선 | 좌우 수직선 | 하부 수평 연결 |

(2) 십반먹(+) 그리기

좌우 마구리에 십반먹(+)을 그리고 상하를 연결하여 먹선을 치면 기둥의 사방 먹선이 쳐진다.

(3) 보목자리 그리기(익공 곧은장 그리기)

(4) 주먹장 그리기

(5) 도리자리 그리기 : 도리 부위를 그린다.

(6) 익공자리 그리기 : 익공 상부가 보 바닥선과 일치하도록 한다.

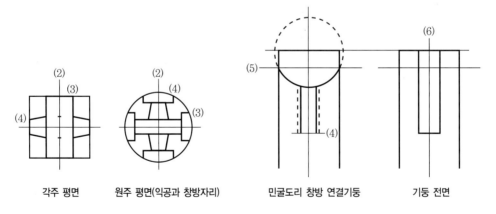

| 각주 평면 | 원주 평면(익공과 창방자리) | 민굴도리 창방 연결기둥 | 기둥 전면 |

*제작 요령

① 보목자리 톱질(익공 곧은장 톱질)

② 주먹장자리 톱질

③ 도리자리 파기

④ 주먹장 파기

⑤ 곧은장 파기

⑥ 사개 안에 십반먹(+) 그리고 주먹장, 곧은장 안쪽 선 그리기

⑦ ⑥에서 그린 선대로 안쪽 깎기

① 마구리 자르고 ② 십반먹(+) 놓고 ③ 중심먹 놓고 ④ 먹선 따라 결합 순서대로, 익공자리−주먹장자리 순으로 톱 넣고 ⑤ 끌질은 쪽이 떨어지지 않도록 함이 중요하고, 치목 순서의 반대로, 도리−주먹장−익공자리 순으로 끌질한다. 주먹장자리와 익공자리는 추가로 톱질을 군데군데 넣어 끌질하기 쉽도록 한다. 먹선을 남겨 두고 끌질한다.

안쪽도 +반먹, 익공자리, 주먹장자리에 수평먹, 수직먹선을 그려서 깎는다. 끌질이든 톱질이든 반드시 선을 그리고 선을 따라 할 것이며, 곡자를 대고 평면을 확인하면서 깎는다.

(7) 기둥의 수장구멍

기둥의 수장구멍은 미리 파두기도 하며 하인방 구멍은 문턱을 낼 경우 높이 차이가 나게 파기도 한다.

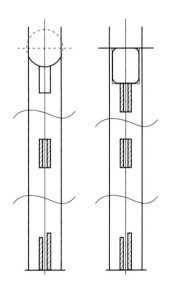

익공 깎기

끌질이든 톱질이든 반드시 선을 그리고 선을 따라 할 것이며 깎은 다음에는 수직과 수평을 맞춰 보고 수정해야 한다.

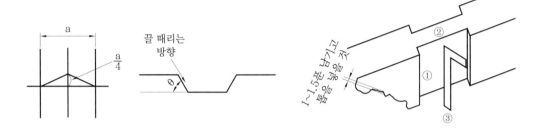

① 기둥 끼이는 부분 수직 톱질

② 폭 따기

③ 곡자 대고 평면 보며 깨끗하게 평면 깎기

*조각

① 도면을 틀로 만들어 윤곽 그리기

② 배 바닥 중앙선 그리기

③ 45° 각치기(배 바닥)

④ 오목한 곳에 톱 넣기. 톱을 너무 깊이 넣지 말 것(내 꼭짓점에서 1푼~1푼 5리 남기고 톱을 넣을 것)

⑤ 45° 경사각을 a/4각 경사로 깎고, 평끌, 환끌로 결을 따라 밀어내면서 깎는다.
  • 경사각 끝지점에서 바닥 쪽으로
  • 결의 방향대로(반대로 깎으면 쏟아져 버린다.)
  • 결에 따라 수직으로, 약간 사선으로 흘러내리면서 깎는다.

⑥ 배 바닥이 깎아지면 도면대로 그린 도안의 선을 찍는다(환끌 사용).

⑦ 오목한 부분의 바닥 낮추기(트리머, 루터로 낮춘다.)

⑧ 겹쳐지는 부분의 1/2 낮추기(칼 끝으로 가볍게 파서 찍어 돌린다.)

⑨ 끌로 외형선을 찍을 때는 경사각으로 찍으면서 때려야 표면이 깨끗하다.

⑩ 조각도는 다양한 환끌이 필요하다. 조각은 주로 원 그리기가 많다. 원의 크기에 따라 호(아크)의 크기와 같은 환끌이 있어야 외형선을 찍을 때 깨끗이 칼금을 넣어 따낼 수 있다.

 ## 익공과 주두물림

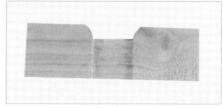

익공 깎기

익공 주두물림

 ## 소로봉(소로방막이)

창방과 장여 사이에는 소로를 둔다. 소로와 소로 사이는 대청에서는 공간을 비워 두고 방에서는 공간을 판재로 메운다. 이 판재를 소로봉(소로방막이)이라 한다.

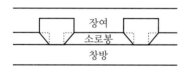

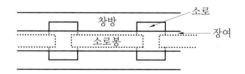

소로봉은 소로 사이사이에 독립 판재로 둘 수도 있고, 소로봉을 길게 주두와 주두 사이에 판재로 연결하고 표면에 소로 간격대로 쪽소로를 붙이기도 한다. 또한 장여를 소로봉과 한 부재로 깎아 통재로 하고 쪽소로를 붙이기도 한다.

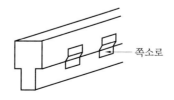

살리는 먹과 타는 먹, 죽이는 먹

*먹선 깎는 요령

① 오랜 경험으로 조립의 특성에 따라 먹선을 죽이거나 살리거나 한다.

② 보이는 쪽은 살리고 안 보이는 쪽은 죽인다.

③ 불확실하면 먹선을 살려 놓고 조립하면서 깎아 맞춘다.

④ 그랭이발 등에 유의해서 남길 부분은 남겨 두고 조립 시 깎아 맞춘다.

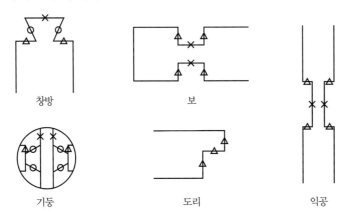

창방   보   익공

기둥   도리

살리는 먹 O, 타는 먹 △, 죽이는 먹 ✕

 # 보

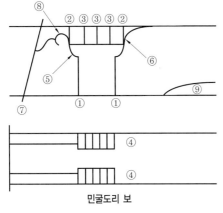

민굴도리 보

① 기둥결구자리 끌질
② 도리자리 톱질
③ 숭어턱 상단부 톱질
④ 보목자리 톱질과 끌질
⑤ 게눈각도리자리 끌질
⑥ 보등도리자리 끌질
⑦ 보머리경사각 자르기
⑧ 게눈각 조각
⑨ 배후리기

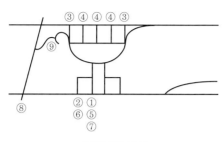

① 장여자리 톱질
② 주두자리 톱질
③ 도리자리 톱질
④ 숭어턱 상단부 톱질
⑤ 장여자리 끌질
⑥ 주두자리 끌질
⑦ 숭어턱자리 끌질
⑧ 보머리경사각 자르기
⑨ 게눈각 조각

초익공 굴도리 보

 ## 퇴량과 대량의 산지(수평 방향으로 만나는 부재의 산지)

퇴량과 대량의 산지가 고주에서 꽂힐 때 하부의 산지구멍은 수평으로 일치시키고 상부의 산지구멍만 높이가 다르다.(산지 꽂히는 방향은 동일하다.)

대량 끼우고 산지 치고, 측량 끼우고 산지쳐서 잘라내고, 퇴량 끼우고 산지친다. 측량 산지는 묻힌다.

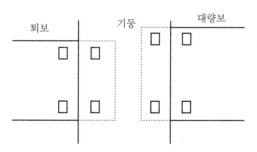

 ## 숭어턱

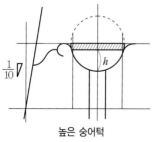

높은 숭어턱

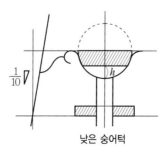

낮은 숭어턱

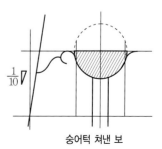

숭어턱 쳐낸 보

숭어턱 h가 높으면 보목은 튼튼하나 도리가 약해지고, 숭어턱 h가 낮으면 보목은 약해지나 도리가 튼튼해진다.

보는 기둥에 걸치므로 보목은 기둥 위에 걸리고 주두, 익공 등으로 보완하여 절대 부러지지 않으나 보몸은 모멘트가 걸리므로 부러질 수 있으니 튼튼하고 옹이 없는 나무를 골라 등이 위로 가게 사용한다. 출목을 밖으로 길게 뺄수록 숭어턱을 낮춘다. 박공집에서 뺄목 부위 판대공의 숭어턱은 완전히 쳐내서 통도리를 그냥 빼준다.

숭어턱을 쳐낸 판대공

 ## 구조 결합의 순서

외진주(평주)를 다 세우고 창방을 맞춘 후, 고주에 대량을 끼우고 산지를 박은 다음, 측량을 끼우고 산지가 튀어 나온 부위는 잘라낸다. 퇴량을 끼우고 산지를 박은 연후에 배후림 충량을 대량에 내리 맞춘다. 기둥과 보를 수직 보면서 가새를 쳐서 고정시킨다. 가새는 땅까지 뿌리를 주어야 확고해진다.

 ## 귀창방, 장여 세부 주의사항

① 창방, 장여, 도리 등의 반턱 결구 시 뺄목이 부서지는 일이 발생하기 쉬우므로 뺄목을 고무바로 꽉 묶어서 결속하여 부서짐을 방지한다.

② 장여는 굴도리집에서는 도리 놓을 자리의 둥근 홈을 먼저 판 후 반턱 딴다.

고무바 묶기   귀장여 쪼개짐

목수의 감성

한옥은 비례에 따라 지었다. 즉, 구조 계산보다 경험의 비례치로 지었다. 경험치로 하중을 분산시키고 나무의 굵기, 길이, 성질에 따라 분류하여 기둥, 보의 쓰임새를 정하였다.

평수와 주칸의 칸수에 따라 기둥 크기가 결정되고 기둥의 굵기에 따라 장여(기둥 굵기의 1/3)가 결정되며 장여의 폭을 기준으로 부재들이 결정된다. 사전에 도면을 일곱 번 이상 그려서 비례를 잡고 치목에 임한다. 비례감은 계속 보완하며 증진해야 한다.

하중으로 인한 처짐을 계산한 후, 처짐의 영향이 적도록 설계하고 처졌을 때의 예상치를 감안하여 변화에 대한 대비책도 염두에 두고 치목한다. 느낌이 중요하다. 딱히 숫자로 표시할 수 없지만 조금 더 빼주고 조금 덜 빼는 느낌으로 아름다운 한옥을 짓는다.

주심포에서는 기둥이 하중의 대부분을 받지만 다포집에서는 하중이 분산되어 있다. 평고대가 가늘지만 서까래를 붙들어 주고 있으며 하중 분산의 역할을 하여 힘을 전체적으로 분포시켜 준다.

누리개도 평고대와 마찬가지로 연목이나 부연의 뿌리를 고르게 잡아주어 들뜨지 못하게 한다.

치목이 되었다고 하더라도 확인 또 확인하면서 자르고 깎아야 실수가 없다.

깎더라도 양면이나 삼면만 먼저 깎고 먹선을 살려두다가 조립 직전에 최종으로 완전히 깎는다. 잠자면서도 장척을 안고 잘 정도로 공구에 집착하고 한 개의 부재가 없어지더라도 일을 그만 둘 정도의 조심성과 치밀성이 있어야 한다.

집폭 맞추는 방법

① 전·후면 칸수가 많을 때는 먹을 줄여 놓는다.

② 중앙부를 보류 칸으로 남겨 두고 폭 길이를 보류 칸에서 창방으로 조정하여 맞춘다.(중앙 창방은 한쪽만 주먹장을 따두고 나머지 한쪽은 주먹장 치목을 유보하였다가 조립 직전에 치목한다.)

③ 조정한 창방에 맞추어 초석의 위치만 조정해서 맞춘다.

④ 대패질할 때 나무의 말라 줄어듦을 생각하여 상하를 찾아서 좌·우·하 부분만 대패질해 두었다가 조립 시에 상부를 대패질한다.(창방, 장여, 익공)

 ## 왕지도리

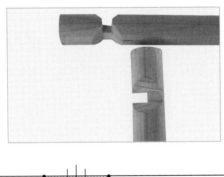

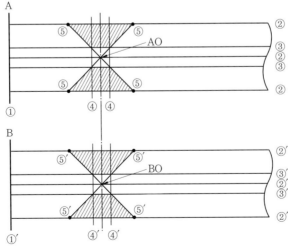

① 도리 A와 B의 마구리 단면 수직 자르기, A와 B에 +반먹 놓기(뺄목 길이는 도리 지름의 1. 5배)

② 기준먹(중심먹)을 +반먹과 연결하여 놓기

③ 기준먹 좌우에 장여폭 수평 먹선 놓기(장여폭선 놓을 때 도리를 움직이면 안 된다). 장여폭 먹선 놓을 때 도리 위치를 정좌시켜 움직이지 않고 먹선 치는 방향으로 먹을 쳐야 중앙으로 벌어지지 않고 바른 먹선을 칠 수 있다.

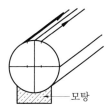

④ 장여폭 수직 놓기

⑤ A에는 B의 ⑤′ ⑤′ 간격(지름), B에는 A의 ⑤⑤ 간격(연결 부위 지름) 표시

⑥ ⑤와 AO, ⑤′와 BO를 연결할 것. 빗금 부분을 톱질과 끌질로 따낼 것

 ## 왕지장여 반턱맞춤

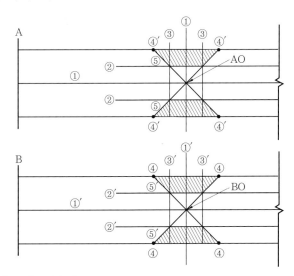

장여 A와 B의 교차점

① 수직, 수평 먹선 그리기(1.5배로 도리의 뺄목과 같다.)

② 장여 반턱 교차 부분 수평 간격 먹선 그리기

③ 장여 반턱 교차 부분 수직 간격 먹선 그리기

④ A에는 B의 ㉑㉑ 간격, B에는 A의 ㉑′㉑′ 간격(상대 장여의 폭) 그리기

⑤ ㉑′에서 AO를 통과하여 ㉑′, ㉑에서 BO를 통과하여 ㉑까지 교차선 그리고 빗금 부분 따내기

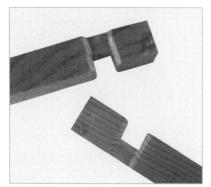 

조립 후의 모습

 ## 추녀 치목의 실제

① 추녀감의 적당히 휜 나무에서 최소의 부재를 선택하여 곡지점, 내목, 외목 지점을 대략적으로 잡는다.

② 곡자로 꼭짓점에서 곡을 표시하면서 내목도리 지점과 추녀 외목 상단부 끝지점에 먹선을 대고 가장 효율적인 선을 찾는다.

③ 추녀등을 최대한 살려주면서 선자연과 갈모산방의 위치를 감안하여 합판에 본을 뜬다.

④ 합판에 본을 뜰 때는 ③의 치수를 참고하여 현치도를 그려서 오려낸다.

⑤ ④에서 만든 추녀본을 추녀목에 대고 그린다.

⑥ 외목 부위에 게눈각을 그려 사절하고 배를 후린 후 보관한다.

⑦ 추녀등을 살리고 내목의 등과 배도 살려두었다가 추녀를 걸 때 수평을 맞추면서 내목의 배를 깎아 추녀 수평을 맞춘다.

⑧ 추녀의 수평이 맞으면 평고대를 걸면서 평고대 올라타는 자리를 삼각따기하고 왕지도리에 띠철로 감아 연정으로 고정시킨다.

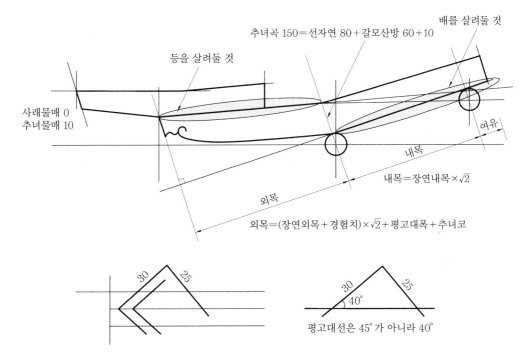

등을 살려둘 것

추녀곡 150＝선자연 80＋갈모산방 60＋10

배를 살려둘 것

사래물매 0
추녀물매 10

여유

내목

내목＝장연내목×√2

외목

외목＝(장연외목＋경험치)×√2＋평고대폭＋추녀코

30 25

30 25
40°

평고대선은 45° 가 아니라 40°

　　추녀 앙곡은 귀솟음 효과와 물매의 사이클론 효과를 가져오는 것이 목적
이다. 4치 5푼의 장연 물매가 추녀 부분에서 1치 물매로 줄어들면서 사래에서
물매 0으로 머물렀다가 장연 쪽으로 되돌아 내려온다.

　　빗물의 흐름을 사이클론 곡선으로 휘돌아 중앙으로 떨어지도록 한 과학적인
근거이다. 갈모산방의 도리 하단부 접촉 부분은 살을 많이 붙여 두었다가 자
로 재어 맞추면서 깎아 추녀와 꼭 접하도록 한다.

　　정면에서 접합시킬 때는 빗변으로 맞추어서 사이에 틈이 보이지 않도록 한다.

 # 도리, 추녀, 연목, 선자, 갈모산방, 사래, 부연, 초매기,
이매기 요약

선자$\leqq\alpha\leqq\beta\leqq\gamma$
사래$\leqq$부연＋초매기 평고대＋10

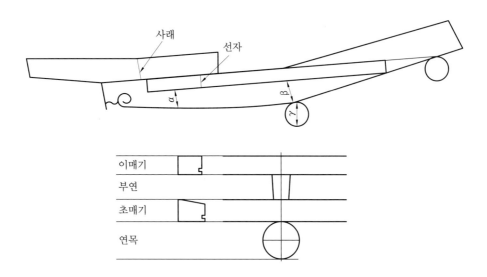

부재명	외 목	내 목	곡	폭
추 녀	743	800(636)	150	80
사 래	366	500	100	80
장 연	360	600	60	60
부 연	200	400	40	30
목기연	110	280	35	25
초매기	45×35			
이매기	40×30			

추녀 수평 맞추기

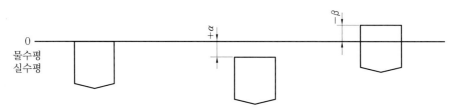

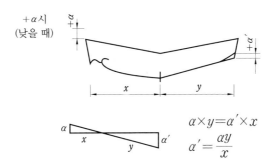

$$\alpha \times y = \alpha' \times x$$
$$\alpha' = \frac{\alpha y}{x}$$

내목 지점을 $\frac{1}{2}\alpha'$ 만큼 깎고 왕지도리를 $\frac{1}{2}\alpha'$ 만큼 덜 깎아 맞춘다.

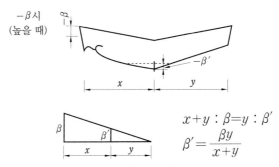

$$x + y : \beta = y : \beta'$$
$$\beta' = \frac{\beta y}{x + y}$$

배($-\beta'$)와 코($-\beta$)를 다 깎지 말고 $\frac{1}{2}\beta$ 와 $\frac{1}{2}\beta'$ 로 깎아 곡을 맞춘다.

추녀의 외목 지점은 물수평 또는 실수평을 보아 배나 내목 지점을 깎아 수평 맞추고 곡의 차이는 사래의 곡으로 보충하여 추녀와 사래의 앙곡을 함께 완성시킨다.

선자연의 곡 조정과 갈모산방의 접점

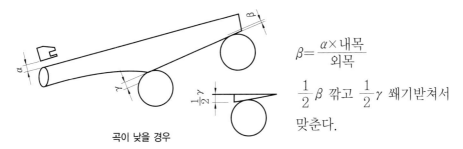

곡이 낮을 경우

$$\beta = \frac{\alpha \times 내목}{외목}$$

$\frac{1}{2}\beta$ 깎고 $\frac{1}{2}\gamma$ 쐐기받쳐서 맞춘다.

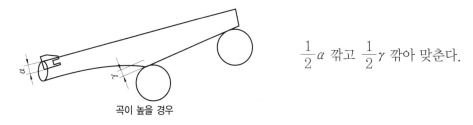

$\dfrac{1}{2}\alpha$ 깎고 $\dfrac{1}{2}\gamma$ 깎아 맞춘다.

곡이 높을 경우

선자연은 갈모산방과 기울어져 접점이 되므로 선자연의 자중으로 갈모산방의 기울기대로 상부에 틈이 생긴다. 선자연을 1~2푼 크게 하여 하부를 눌러 박아 틈을 없앨 수 있다.

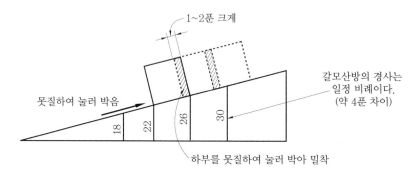

1~2푼 크게

못질하여 눌러 박음 →

18 22 26 30

갈모산방의 경사는 일정 비례이다. (약 4푼 차이)

하부를 못질하여 눌러 박아 밀착

선자연의 평고대 접점 부위에서 초장은 추녀에 밀착하고 끝선은 평고대선과 일치시키며, 이장부터는 점차 줄여 연목 뺄선과 같게 하고 선자연의 급한 외목 경사도 점차 줄여 연목 경사와 맞도록 한다.

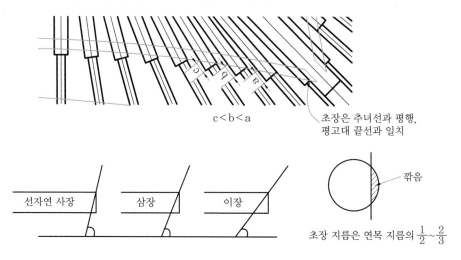

c<b<a

초장은 추녀선과 평행, 평고대 끝선과 일치

선자연 사장   삼장   이장

깎음

초장 지름은 연목 지름의 $\dfrac{1}{2}$~$\dfrac{2}{3}$

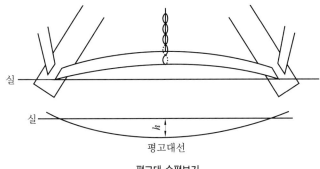

평고대 수평보기

평고대선과 실의 거리 *h*가 사면에서 일정하도록 반생틀기나 체인 블록으로 당겨 수평을 맞춘다.

> 나무는 나무의 성장이 멈춘 늦가을~겨울에 벌목하여 껍질을 벗겨 말린 후 봄에 치목하는데 치목 시 나무의 변화(줄어듦과 틀어짐)를 고려하여 5치에 1푼씩 여유를 두고 치목한다.
> 나무는 마르고 틀어지기 때문에 변형이 계속 온다. 나무집을 짓고 2~3년 지난 후에 벽체를 바르면 갈라짐이 없을 것이다. 한옥을 오랜 기간 시일을 두고 짓는 이유이다.

귀솟음

집의 좌우를 높게 보이게 하여 좌우의 무거움을 가볍게 보이게 하는 시각적 효과를 가져온다.

귀솟음은 평면 1자에 1치를 준다. 퇴가 있을 때는 적절히 조정하여 측면 폭을 보아서 귀솟음을 조정한다.

보통 5~6치 귀솟음을 주나 집의 크기와 목수에 따라 대별된다. 안쏠림 기법은 별도로 주지 않는다.

- 종류 : 기둥 귀솟음, 종량·동자주의 귀솟음, 대공 귀솟음, 목기연(박공)으로 귀솟음, 덧량으로 귀솟음

들 림

집의 하중으로 앞 처마가 처지는 것을 감안하여 곡이 약간 들리도록 한다. 서까래와 부연의 들림, 선자부연의 들림, 주심포에서의 하중 받음과 출목도리의 들림을 준다.

연목, 부연, 선자연의 곡이 약간 더 들리도록 하고, 주심포에서 주심기둥이 하중을 받도록 서까래를 주심도리에 걸치고 출목도리 위에 떠 있도록 한다. 따라서 소로나 운공 등이 약간 올라왔다고 해서 크게 신경 쓸 필요는 없다. 지붕의 하중으로 자중에 의해 스스로 가라앉는다.

 부재의 배치

- 귀틀, 하인방, 보의 구비는 등이 위로 갈 것
- 추녀, 서까래, 부연, 머름중방, 판대공 뺄목은 배가 위로, 등이 아래로 갈 것
- 개판 구비는 등이 위로, 지붕곡과 맞춰야 할 때는 배가 위로(목와) 갈 것
- 판대공 : 가로결, 주두 : 가로결, 소로 : 가로결
- 도리, 장여, 인방, 마루재, 머름재 : 가로결
- 기둥, 동자주 : 원구가 땅으로
- 낙양, 박공 : 원구가 위로
- 가로가 세로보다 큰 부재 : 귀틀(동귀틀, 장귀틀), 평방

 장 척

장척은 곧은결로 길게 쫄대를 만들어 인방, 보, 장여 등의 위치를 그려 놓고 사용하는 것으로 일률적이며 치목에 편리하다. 장척은 도편수나 부편수가 갖고 있었다.

가끔 목수가 편수를 골려주기 위해서 끝을 잘라버리는 일이 발생하였다. 장

척이 줄어들었으니 집의 크기도 줄어들게 되어 치목이 틀리게 되었다.

장척은 만들 때 2개를 만들어 1개는 별도 보관하고 사용하는 장척은 끝에 못을 박거나 사인을 하여 표시해 둔다.

치목을 할 때는 꼭 장척을 확인하고 편수가 꼭 지니고 다니면서 보관을 해야 하며 치목 전에도 확인하고 자를 때도 확인해서 오차가 일어나지 않도록 해야 한다.

치목 시에도 나무의 변형을 고려하여 좌우만 또는 좌우 하부만 대패질해 두거나, 5푼 또는 1치 정도의 여유를 남기고, 먹선도 살려주는 여유가 있어야 한다. 정확성과 확인은 치목의 생명이요, 목수의 생명이다.

도편수가 치목했다 하여도 톱으로 자르거나 대패질할 때 확인하고 주의해서 살펴본 다음에 자르거나 깎아 착오를 방지해야 한다. 경우에 따라 축소 모형을 만들어 치목과 결구를 연구해 보는 것도 좋은 방법이다.

연목의 굵기와 간격

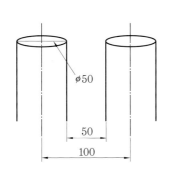 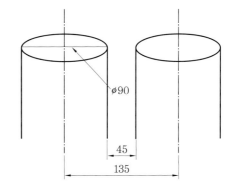

연목은 보통 1자(100) 정도로 하나 연목이 굵으면 간격을 넓혀준다.

연목과 부연의 비

연목 마구리의 원구, 추녀의 등과 배, 사래의 배, 부연의 배는 먹선대로 미리 다 깎지 말고 살려두었다가 조립 시에 맞추어 가면서 깎는다.

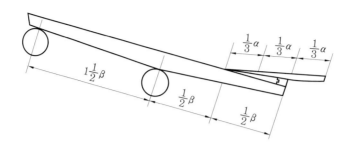

연목, 초매기, 부연, 이매기

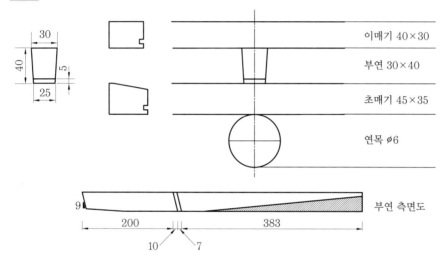

	이매기 40×30
	부연 30×40
	초매기 45×35
	연목 ∅6

부연 측면도

서까래는 미리 많이 만들어 두고 치목 시 골라서 쓴다. 보관은 12각으로 쳐 두고 보관하였다가 치목 시 평고대에 맞추면서 완전히 다듬는다. 종심목은 물매가 낮으면 굵은 것을, 낮으면 가는 것을 써서 물매를 맞춘다.

 목수의 통제술

도리와 서까래를 붙일 때는 전면에 좋은 것을 붙이고 측면에는 전면과 비교하면서 결을 보아 붙이고 후면은 제일 나중에 붙이도록 한다. 이는 기술이 점점 향상됨에 따라 좋은 것부터 골라서 쉽게 일하려는 목수의 작업 습성에 의한 것으로, 처음부터 끝까지 목수들의 심리를 파악하여 멋진 작품을 만들고자 하는 도편수의 고도의 목수 통제술이다.

 ## 연정 부위

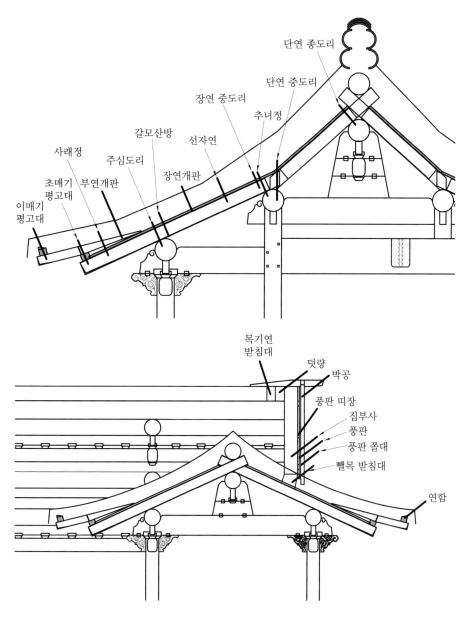

(1) 구 조

장연－주심도리, 중도리

추녀(추녀정), 사래(사래정), 초매기 평고대, 갈모산방, 선자연, 장연개판, 부
연, 부연개판, 이매기 평고대, 단연－중도리, 종도리,

(2) 박 공

뺄목 받침대, 집부사, 풍판 받침대, 풍판, 풍판띠장, 박공, 덧량, 목기연 받침대

(3) 수 장

문선, 벽선

(4) 덧서까래

덧추녀, 세로목, 가로목, 목와

(5) 연 함

(6) 연정 요령

못때리기　　　　　　　　　뭉뚝해진 못 끝

 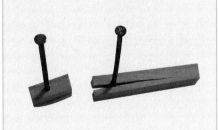

쪼개짐과 안쪼개짐

굵은 못을 박을 때 끝을 뭉뚝하게 해서 못질하면 뭉뚝하게 한 끝이 나무 섬유를 끊으면서 들어가므로 쪼개지지 않는다. 뾰족한 끝으로 박으면 쐐기 효과 때문에 나무가 쪼개진다.

고대부연의 위치

모든 부재는 정위치가 있으나 고대부연만은 일정 간격이 없이 적절히 배치하고 간격이 너무 넓으면 초장과 이장 사이에 새발부연을 추가하여 간격을 적절히 조절한다.

고무줄로 이매기에 묶어서 움직여가며 위치를 맞춘 다음 고대부연의 중심을 이매기에 표시하고 초매기 위에 올라타는 자리와 개판 위에 닿는 자리를 표시하여 각각의 위치를 고정시킨 후 한꺼번에 연정을 박아 고정시킨다.

고대부연

고대부연 곡 뜨기

고대부연 위치 조정

고대부연 걸기

 ## 합각 뺄목

합각은 판대공에서 2~3자 외진주에서 1자 정도 들어가서 위치된다. 박공
위치까지 뺄목을 빼고 측면개판 위에 합각 받침대를 대고 뺄목을 받친다. 높
이에 따라 동자주를 대기도 한다.

덧량과 합각 뺄목

추녀에 붙는 단연의 상부 처리

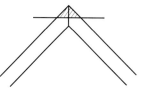

적심도리 올리기　　　　　　　상부 수평으로 자르기

① 용마루가 낮아 적심도리를 올릴 때는 단연처럼 엇갈리게 한다.
② 용마루 높이가 높을 때는 집부사처럼 맞댐이음하고 연정으로 고정한 후 상부를 수평으로 평평하게 잘라 덧량 등을 올릴 수 있도록 한다.

 ## 박 공

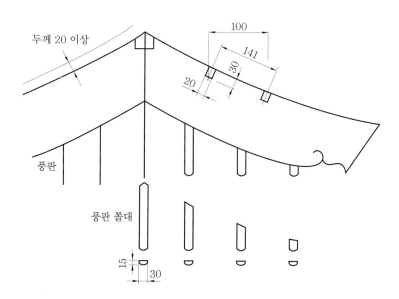

　　팔각집 박공은 양끝에서 풍판 끝이 가려질 정도로 빼주고 하부는 개판과 같은 각도로 잘라준다. 박공집 박공은 추녀처럼 게눈각을 새기고 서까래 각도와

같이 마구리를 잘라준다. 기와는 풍판 속으로 들어간다.

박공은 박공의 상부에서 부연이나 연목의 끝까지 현수곡선으로 곡을 드린다. ㄱ자집에서는 앞쪽의 평고대 곡과 맞춰서 곡을 드린다.

박공의 폭은 뺄목도리와 연목, 부연의 배가 가려질 정도로 하며, 길이는 부연 끝보다 조금 길게 한다.

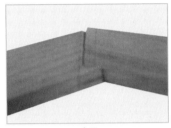
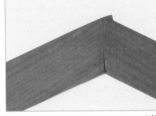

박 공   박공 빗맞춤

1. 박공과 연목
2. 박공과 평고대선
3. 박공 현수곡선 보기

목기연

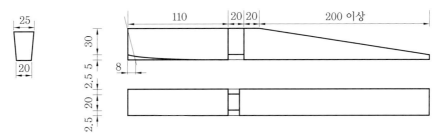

 ## 목기연 개판과 뒷받침

목기연 뒷받침은 쐐기(고임목)처럼 단독으로 붙일 수도 있고 덧서까래처럼 붙일 수도 있다.

작업성이 어려워도 덧서까래처럼 붙이는 것이 안정적이다.

 # 난 간

난간은 마루의 장귀틀이나 머름에 계자각을 정으로 붙이고 치마널을 돌린 후 치마널에 난간(동자난간, 계단난간) 기둥을 두른 다음 띠살을 둘러대고 띠장을 돌린 뒤 화엽을 촉 꽂아 정렬한 후 돌란대를 정으로 박아 완성한다.

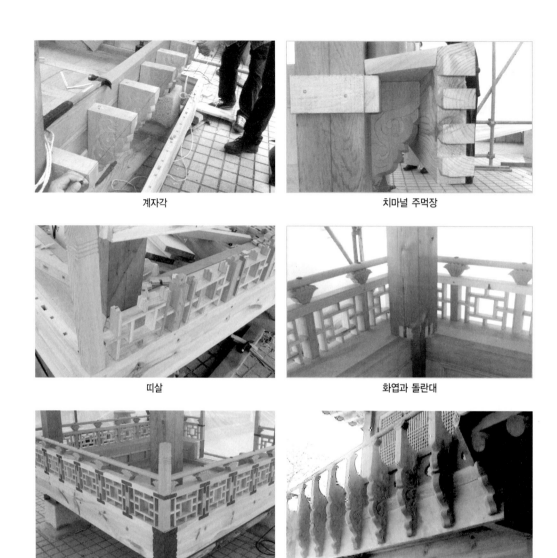

계자각

치마널 주먹장

띠살

화엽과 돌란대

동자난간

계자난간

 비례와 허용 오차

한옥의 허용 오차는 3푼, 약 9mm 정도이다. 3푼 정도는 안목의 범위 내에 들어가고 그 이상이면 눈에 띈다(현대 건축은 2mm 허용 오차). 한옥에는 비례의 철학이 있다. 집이 크고 높으면 문도 크고 높아야 하며 문고리도 커야 한다.

한옥은 각 부재의 비례가 구조적으로도 맞아야 하지만 조립했을 때 전체적인 비례가 아름다워야 한다. 또한 주변의 자연 경관과도 어울려야 한다.

따라서 전국에 널려 있는 유명한 민가, 절, 관청, 궁궐 등을 답사하면서 실측해 보고 사진에 담아, 그림으로 그려 보면서 안목을 높여야 한다.

그랭이 부위와 각종 틀

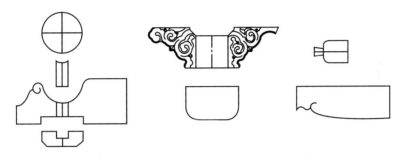

그랭이 부위	틀
기둥 그랭이(주초)	익공틀
추녀의 도리자리 그랭이	주먹장틀
추녀등과 사래배 그랭이	반깎기(창방)틀
초매기 추녀자리 그랭이	보틀
사래와 초매기 그랭이	보반깎기틀
갈모산방 그랭이	추녀틀
장여개판 부연개판 그랭이	게눈각틀
이매기 사래자리 그랭이	사래틀
부연 착고자리 그랭이	도랭이틀(서까래, 도리)
동자주 그랭이	벌부연틀
뺄목받침대 그랭이	박공틀
덧추녀와 내림목 그랭이	목기연틀
인방과 장여(보) 그랭이	
문선 그랭이	

벽선 고정 방법

장부 끼우기	촉 박아 넣기	옆으로 못 박고 나무로 땜방 (나무 못치기)
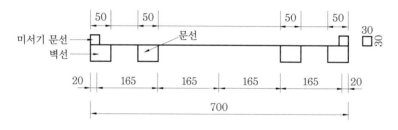		

 ## 벽선과 문선 간격 나누기

 ## 기둥과 인방에 문선 맞추기

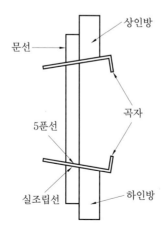

상인방과 하인방은 나무가 말라 틀어진 상태이다. 문선을 틀어진 인방에 맞추기 위해서 옆대고 곡자로 그랭이 뜬 다음 곡자 폭만큼 살려주면 간단히 문선을 맞출 수 있다.

인방과 문선

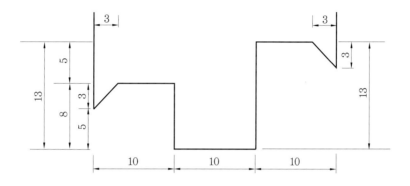

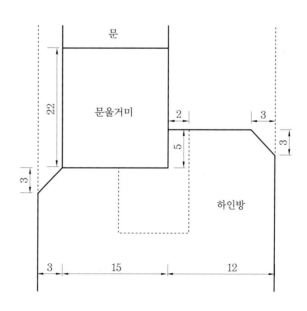

나무의 생명

나무는 생명을 갖고 있는 영목으로, 살아 500년, 작품으로 500년, 합이 1000년을 간다.

예부터 나무에는 영이 깃들어 있다고 믿어서 제사도 지내고 기원도 하였으며, 나무를 벨 때는 고사를 지내고 '어명' 이라고 세 번 외친 후에 베었다. 나무가 쓰러지면서 주변의 사람들이 다치면 나무가 노하였다고 믿었다. 나무를 존중하는 뜻에서 함부로 나무를 밟거나 나무 위에 앉아서는 안 된다.

나무를 타고 앉아 끌질을 하지 않는다. 나무 옆에 쪼그리고 앉아 끌질을 한다. 이는 나무에 돌이나 모래가 박혀 공구가 손상되는 것을 막기 위한 것으로 나무를 귀하고 조심해서 다룬 선조들의 마음을 엿볼 수 있다.

 ## 척간법의 비밀

도량형의 단위에는 미터법도 있고 척간법도 있다. 미터법은 길이의 표시 단위이지만, 척간법은 인체의 크기를 기준으로 하였다. 사람의 손톱, 손의 크기, 팔의 길이, 다리 길이, 몸의 길이를 분석하여 만든 것이다. 척간법에서 1자는 약 0.9942 피트이다.

인간의 비례미는 동서양이 큰 차이가 없음을 말해준다.

척간법의 기준은 인체에 있으며 인체의 조화미를 척도로 만든 것이다. 즉 조화와 비례의 미를 승화시킨 측정 단위이다.

우리의 사방탁자나 문갑, 반닫이, 책장, 소반 등에는 놀라운 비례미와 조화미가 있다.

우리의 청자나 다완은 세계에서 최고의 가격으로 회자되고 있다. 우리의 반가사유상이나 석굴암은 절정의 예술품인 것이다.

우리 한옥인 수덕사 대웅전, 부석사 무량수전, 강릉의 객사문 등에는 세계 최고의 아름다운 조형미와 나무를 다루는 절정의 기술이 녹아 있다.

이들의 아름다움은 어디서 나왔을까? 바로 비밀은 척간법이다. 인체의 비례를 절묘하게 파악하여 일정한 길이로 만들어 두었기에 자, 치, 푼, 리로 나무를 깎으면 가장 아름다운 비례미가 형성되는 것이다.

무게의 단위인 관, 근, 돈이나, 넓이의 단위인 칸, 평도 마찬가지로 인체의 체중, 인체의 넓이를 파악하여 만든 것이다. 척간법은 사람이 만든 가장 위대한 척도로, 그 비밀은 실로 엄청나다.

소나무

소나무는 살아서 천년 사철 푸르고 꼿꼿하여 독야청청한 선비의 기개를 나타내고, 죽어서 천년 환경에 따라 변화하며 건강한 집으로 우리 곁에 있다.

소나무는 습기를 머금어 직접적으로 건강한 환경을 제공해 주고, 속살이 주는 감촉과 미감은 말할 수 없는 심미적인 감흥을 준다. 우리나라의 자생 소나무는 그 향기가 일품이다. 수입 소나무의 비릿한 냄새나 딱딱함이 아닌 부드럽고 그윽한 향기는 그 내음에 취해 보지 않고는 설명할 길이 없다. 특히 옹이의 색깔과 뿜어져 나오는 관솔향은 시각과 후각을 모두 만족시킨다. 그 내음이 마르면 없어짐이 못내 아쉬우나 깎으면 다시 살아나 미치도록 그립게 한다.

소나무 중에서도 속이 붉고 껍질이 거북등처럼 갈라지는 적송(일명 금강송, 춘양목)은 나이테가 주는 수려함과 색깔, 부드럽고 탄력 있는 감촉, 그리고 은은한 솔 향에서 타의 추종을 불허한다. 단단함으로 치면 활엽수와 열대산 나무가 더하지만 적송은 치밀하고 아름다운 나이테의 문양에 적절한 탄성까지 갖고 있어 안락감과 감촉에서 비할 바 아니다. 그 적송이 이제는 수가 줄어 궁궐을 지을 때나 몇 그루 베어지는데, 그나마 단청으로 숨어버려 그 맛을 느끼지 못함이 아쉽다.

미송이나 캐나다송의 크고 굵고 뻣뻣한 감에 비하여 우리 소나무는 고고한 학처럼 소박하며 기품 있고, 일본송의 둥글고 아기자기함에 비하여 낙락장송의 웅혼한 감성을 뿜어내며, 러시아송의 밋밋함이 아닌 뚜렷한 거북등 껍질 문양에 자연스런 휨과 탄성 있는 굴곡미가 있다. 뉴질랜드송은 옹이가 크고 거칠며 죽은 옹이라 알맹이가 쏙 빠져 버리지만 우리 소나무의 옹이는 살아 있어 빠지지 않고 나무가 마르면서 터짐을 방지해 준다. 칠레송은 옹이도 살아 있고 외형상 우리 소나무와 가장 비슷하지만 거칠고 크며 냄새가 비릿하고 직재뿐이라 향기가 좋으며 적절한 굽이를 갖고 있어 자연 그대로 추녀, 보, 서까래로 쓰이는 우리 소나무에 비할 수 없다.

만지고 쓰다듬어 볼수록 정이 새로운 우리 소나무, 그 소나무가 좋다.

부록

- 도 면
- 조립 사진
- 배움의 과정

도 면

(1) 평면도

단위 000=尺寸分(1尺=30.3cm)

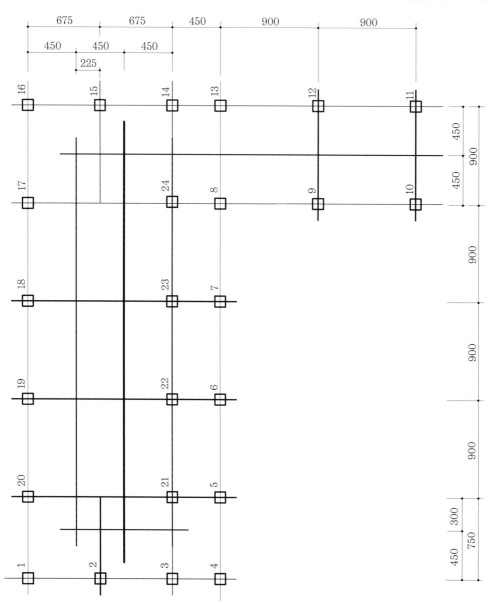

(2) 횡단면도

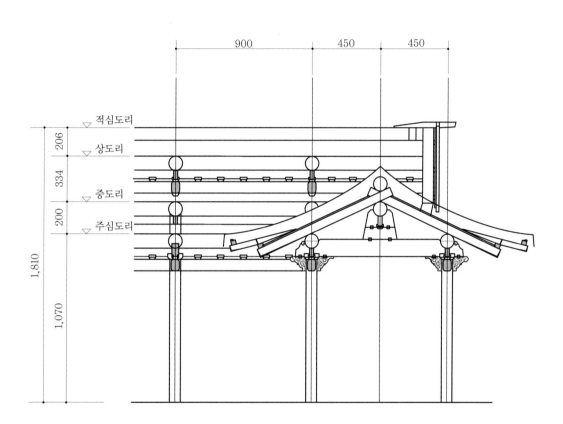

(3) 종단면도

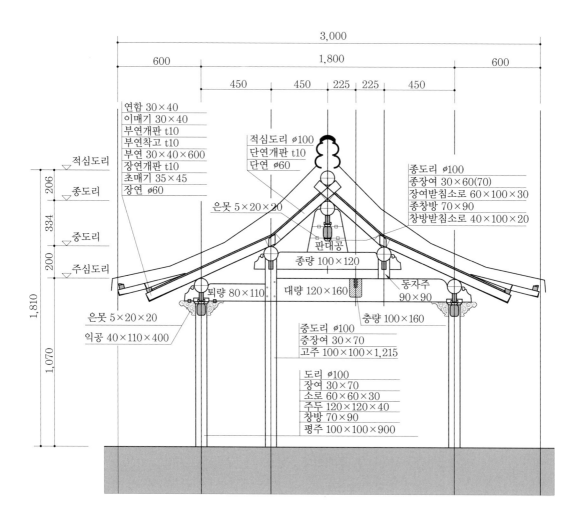

연함 30×40
이매기 30×40
부연개판 t10
부연착고 t10
부연 30×40×600
장연개판 t10
초매기 35×45
장연 ø60

적심도리 ø100
단연개판 t10
단연 ø60

종도리 ø100
종장여 30×60(70)
장여받침소로 60×100×30
종창방 70×90
창방받침소로 40×100×20

적심도리
종도리
중도리
주심도리

206
334
200
1,070
1,810

3,000
600
1,800
600
450
450
225
225
450

은못 5×20×20

판대공

종량 100×120

퇴량 80×110
대량 120×160

동자주
90×90

충량 100×160

은못 5×20×20
익공 40×110×400

중도리 ø100
중장여 30×70
고주 100×100×1,215

도리 ø100
장여 30×70
소로 60×60×30
주두 120×120×40
창방 70×90
평주 100×100×900

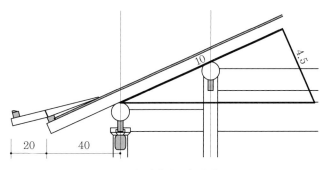

■ 주심도리와 중도리－물매 45

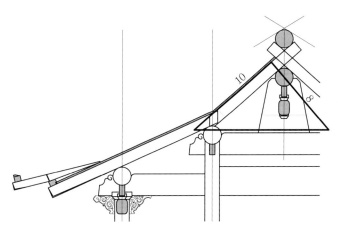

■ 중도리와 종도리－물매 80

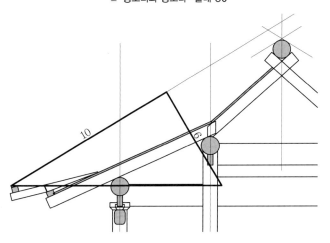

■ 연함과 적심도리(기와와 보토 고려)－물매 60

(4) 기둥

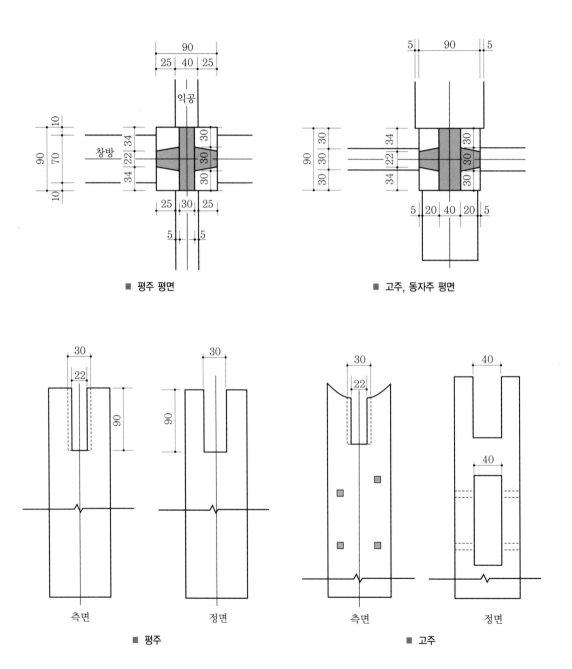

■ 평주 평면

■ 고주, 동자주 평면

측면 정면

■ 평주

측면 정면

■ 고주

(5) 주평면도

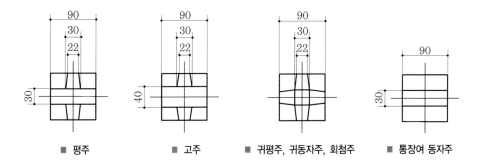

■ 평주   ■ 고주   ■ 귀평주, 귀동자주, 회첨주   ■ 통장여 동자주

(6) 동자주

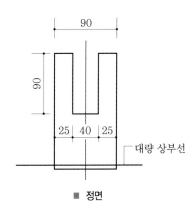

대량 상부선

■ 정면

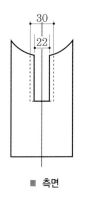

■ 측면

(7) 주두도

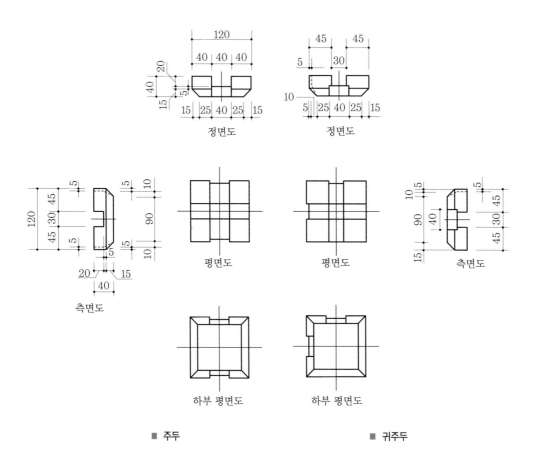

정면도

정면도

측면도

평면도

평면도

측면도

하부 평면도

하부 평면도

■ 주두   ■ 귀주두

(8) 주 두

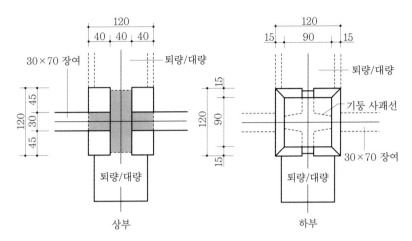

■ 주두 평면

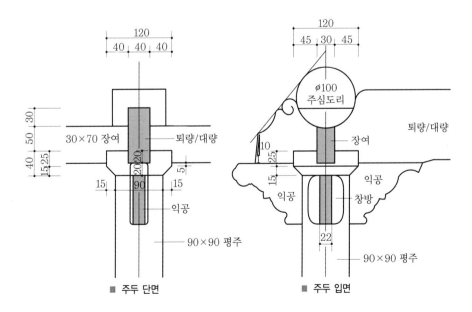

■ 주두 단면

■ 주두 입면

(9) 익 공

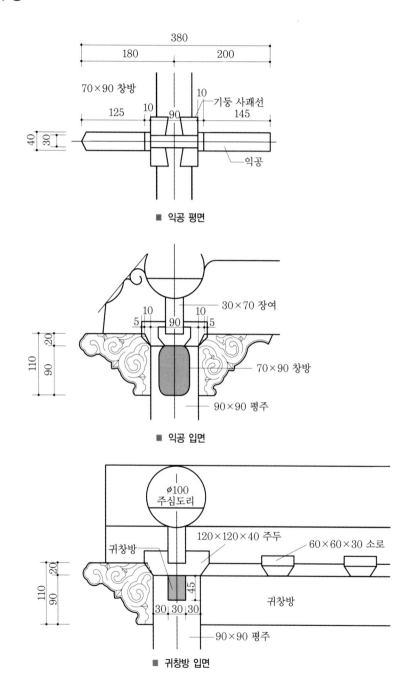

■ 익공 평면

■ 익공 입면

■ 귀창방 입면

(10) 소 로

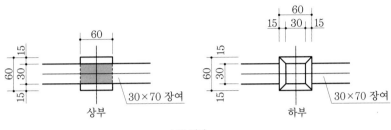

60
15 30 15
15
60
30
15
30×70 장여
상부

60
15 30 15
15
60
30
15
30×70 장여
하부

■ 소로 평면

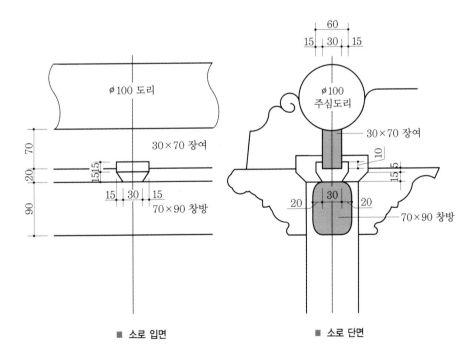

φ100 도리

70
20
90
15 15
30×70 장여
15 30 15
70×90 창방

■ 소로 입면

60
15 30 15
φ100
주심도리
30×70 장여
10
15 15
30
20 20
70×90 창방

■ 소로 단면

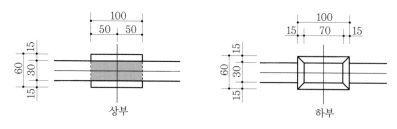

■ 대공 소로 평면

상부

하부

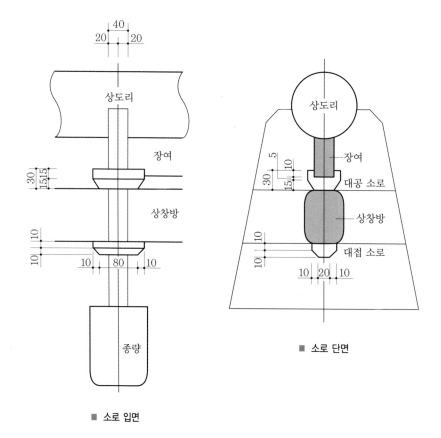

■ 소로 입면

상도리
장여
상창방
종량

■ 소로 단면

상도리
장여
대공 소로
상창방
대접 소로

(11) 주심창방 배치도

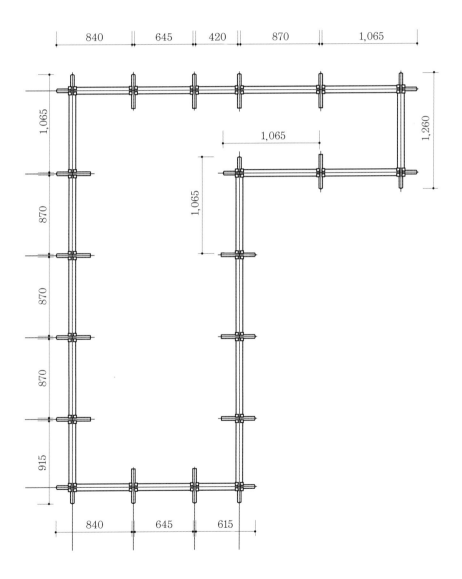

(12) 창 방

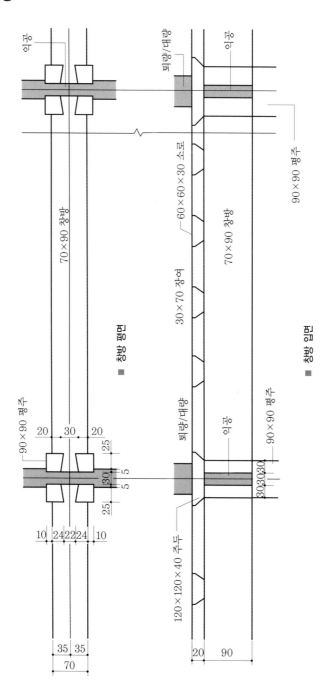

■ 창방 평면

■ 창방 입면

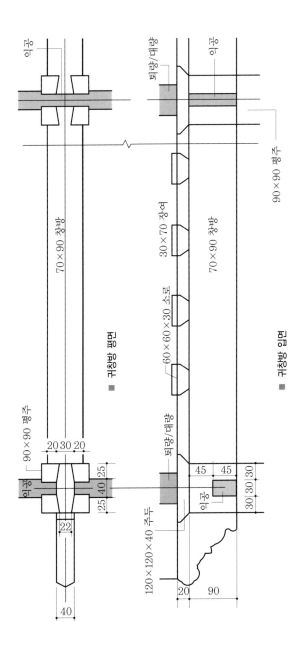

■ 귀갓방 평면

■ 귀갓방 입면

(13) 장 여

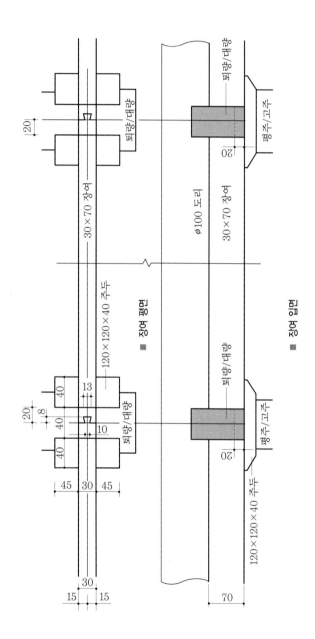

■ 장여 평면

■ 장여 입면

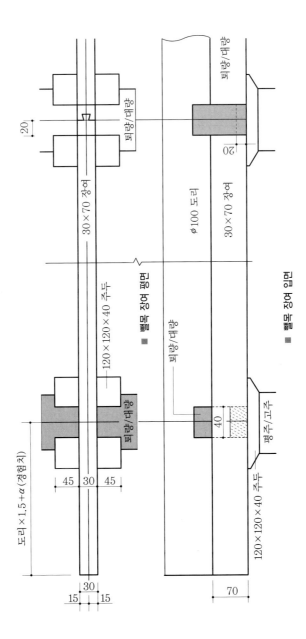

20

30×70 장여

퇴량/대량

120×120×40 주두

퇴량/대량

■ 뺄목 장여 평면

45 30 45

도리×1.5+α (정첩치)

30

15 15

φ100 도리

퇴량/대량

30×70 장여

20

퇴량/대량

40

평주/고주

120×120×40 주두

70

■ 뺄목 장여 입면

(14) 중장여

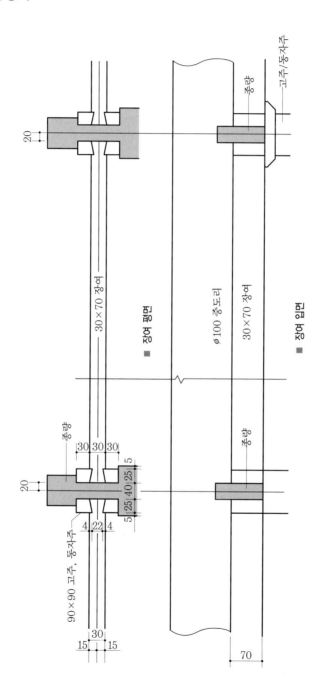

■ 장여 평면

■ 장여 입면

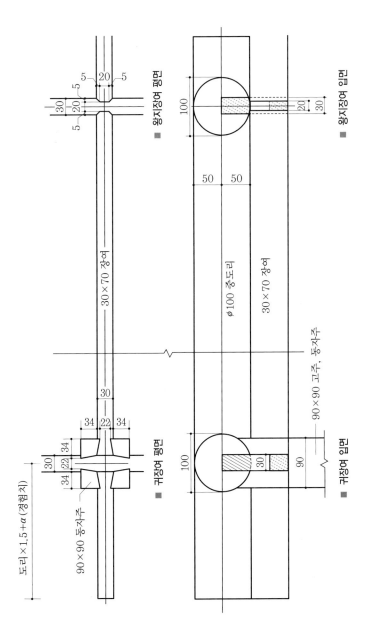

■ 왕지장여 평면

5 20 5
30 20
5
5

■ 왕지장여 입면

100
50 50
20 30

φ100 중도리

30×70 장여

30×70 장여

90×90 교주, 동자주

■ 귀장여 평면

30
34 22 34
34
30 22
34
90×90 동자주
도리×1.5+α (경험치)

■ 귀장여 입면

100
30
90
90×90

(15) 상장여

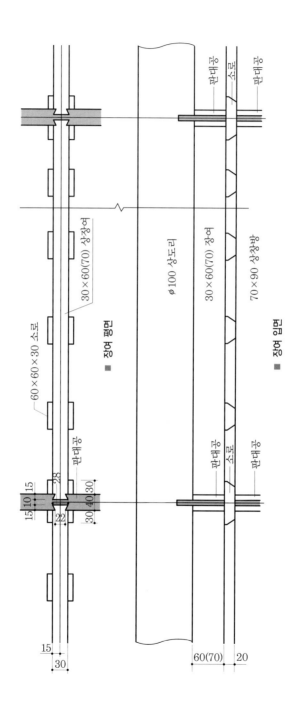

60×60×30 소로

30×60(70) 상장여

15

30

판대공

소로

판대공

15 10

22

28

30 40 30

30 30

판대공

장여 평면

∅100 상도리

30×60(70) 장여

70×90 상장방

판대공

소로

판대공

장여 입면

60(70)

20

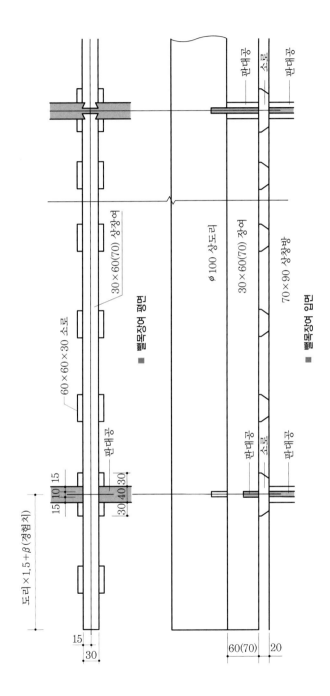

■ 뺄목장여 평면

30×60(70) 상장여

60×60×30 소로

30×60(70) 상장여

판대공

15 15

15 10 10

30 40 30

30 30

도리×1.5+β(경험치)

15

30

■ 뺄목장여 입면

판대공

소로

판대공

⌀100 상도리

30×60(70) 장여

70×90 상창방

판대공

소로

판대공

60(70)

20

(16) 보 배치도

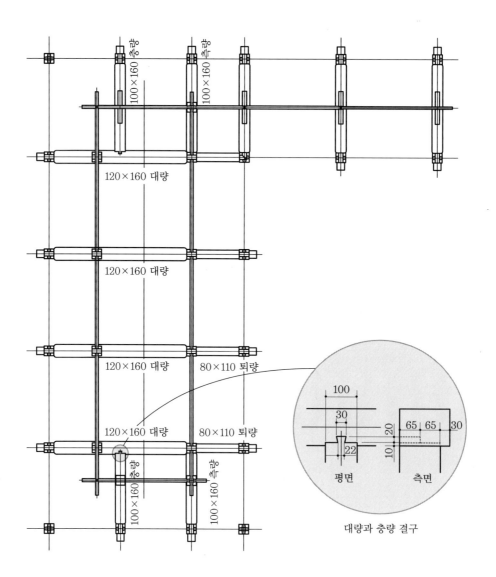

100×160 충량

100×160 충량

120×160 대량

120×160 대량

120×160 대량   80×110 퇴량

120×160 대량   80×110 퇴량

100×160 충량   100×160 충량

100

30

22

20

10

65 65 30

평면   측면

대량과 충량 결구

(17) 기둥 보 결구도

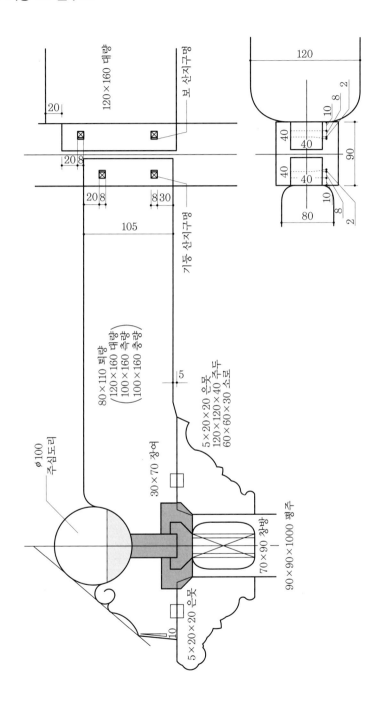

(18) 대 량

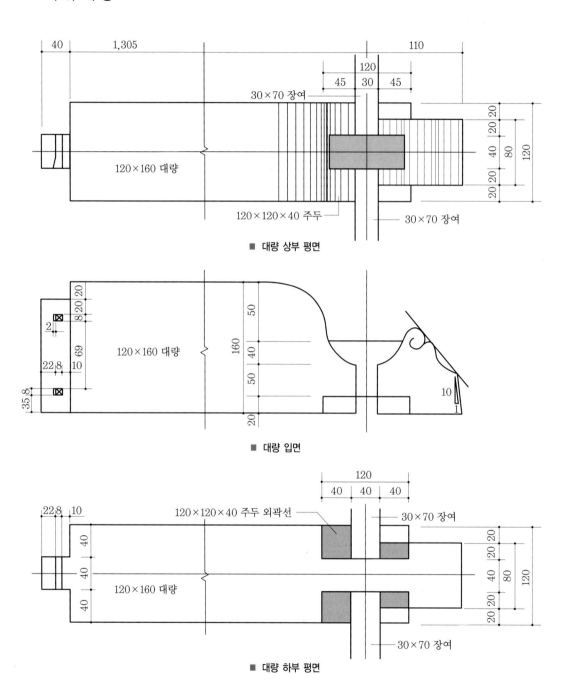

120×160 대량
30×70 장여
120×120×40 주두
30×70 장여

■ 대량 상부 평면

120×160 대량

■ 대량 입면

120×120×40 주두 외곽선
30×70 장여
120×160 대량
30×70 장여

■ 대량 하부 평면

(19) 측 량

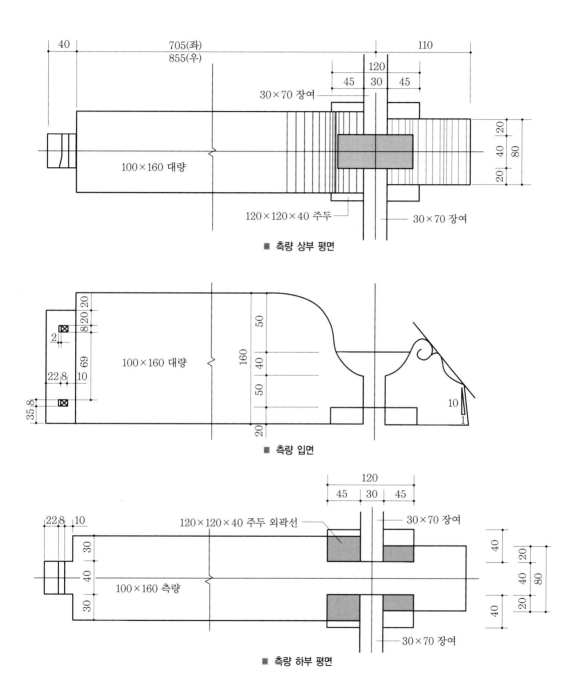

40
705(좌)
855(우)
110
120
45　30　45
30×70 장여
100×160 대량
40 20
80
20
120×120×40 주두
30×70 장여
■ 측량 상부 평면

20 20
8 20
2
69
22 8
10
100×160 대량
35 8
50
160　40
50
20
50
40
10
1
■ 측량 입면

120
45　30　45
22 8　10
120×120×40 주두 외곽선
30×70 장여
30
40
30
100×160 측량
40
40 20
80
40
20
30×70 장여
■ 측량 하부 평면

(20) 퇴 량

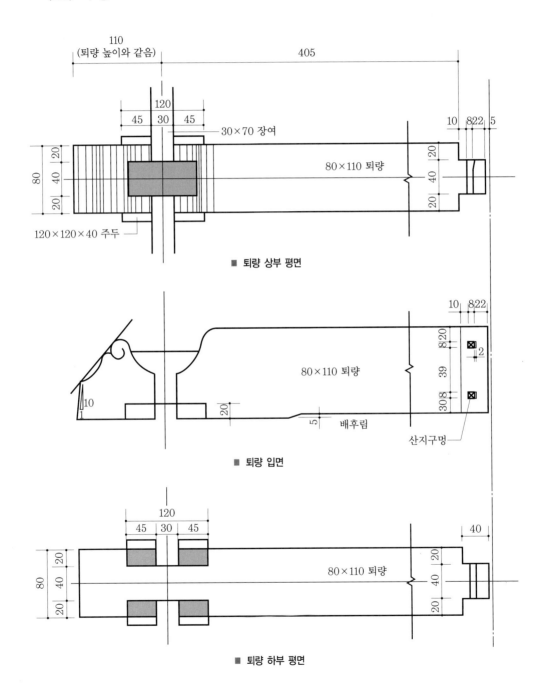

110
(퇴량 높이와 같음)

405

120

45 30 45

30×70 장여

80×110 퇴량

10 822 5

120×120×40 주두

■ 퇴량 상부 평면

10 822

80×110 퇴량

8 20

39

30 8

2

배후림

산지구멍

■ 퇴량 입면

120

45 30 45

80×110 퇴량

40

■ 퇴량 하부 평면

(21) 충 량

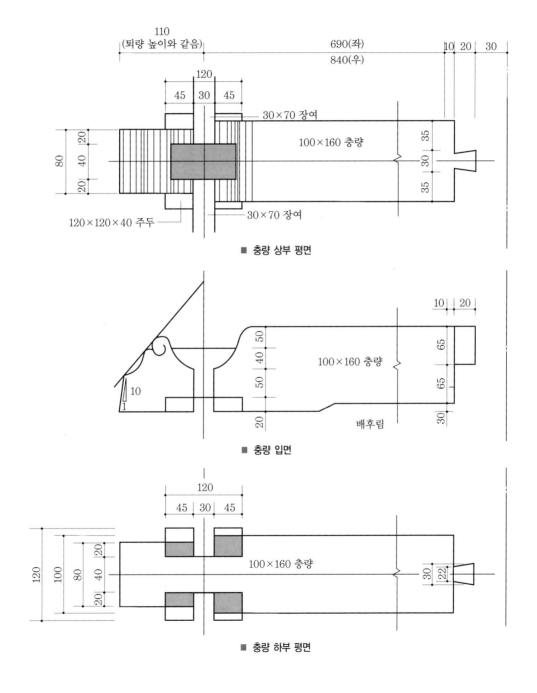

110
(퇴량 높이와 같음)
690(좌)
840(우)
10 20 30

120
45 30 45

30×70 장여

100×160 충량

35
30
35

80
20
40
20

120×120×40 주두

30×70 장여

■ 충량 상부 평면

10 20

50
40
50

100×160 충량

65
65

10
1

20

배후림

30

■ 충량 입면

120
45 30 45

100×160 충량

30
22

120
100
80
40
20
20

■ 충량 하부 평면

(22) 종 량

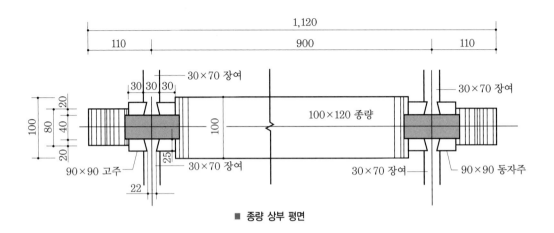

■ 종량 상부 평면

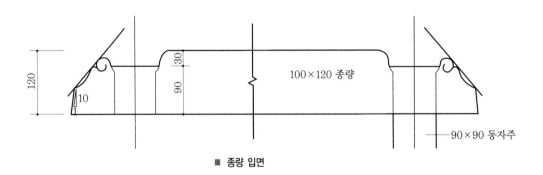

■ 종량 입면

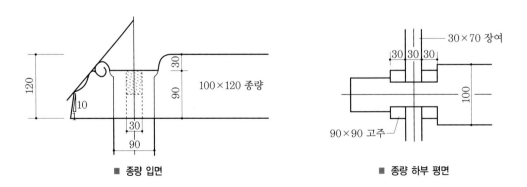

■ 종량 입면

■ 종량 하부 평면

(23) 종량 결구도

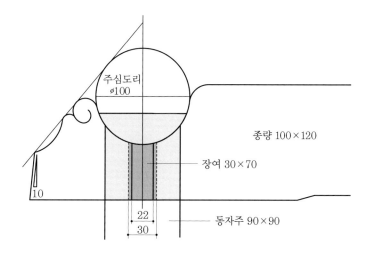

주심도리
ø100

종량 100×120

장여 30×70

동자주 90×90

10

22
30

(24) 퇴량, 측량, 대량, 기둥산지 결구도

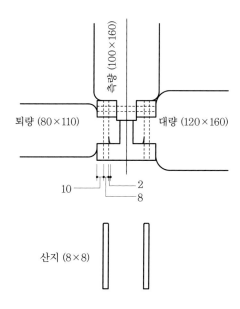

측량 (100×160)

퇴량 (80×110)

대량 (120×160)

10
2
8

산지 (8×8)

(25) 연 목

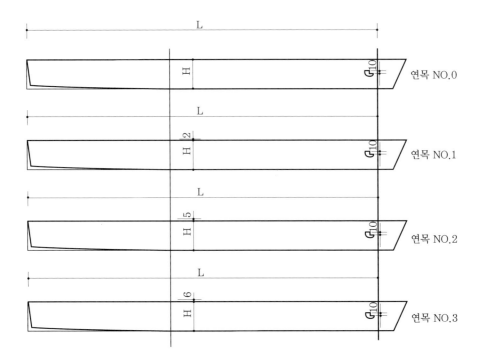

연목 NO.0

연목 NO.1

연목 NO.2

연목 NO.3

(26) 추녀 사래도(추녀곡 150)

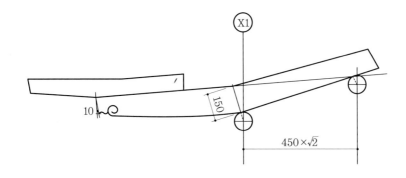

(27) 선자연 배치도(안곡 140)

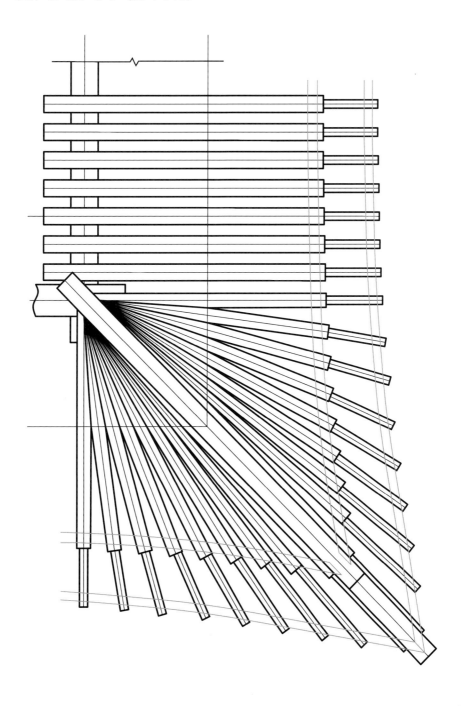

(28) 판대공

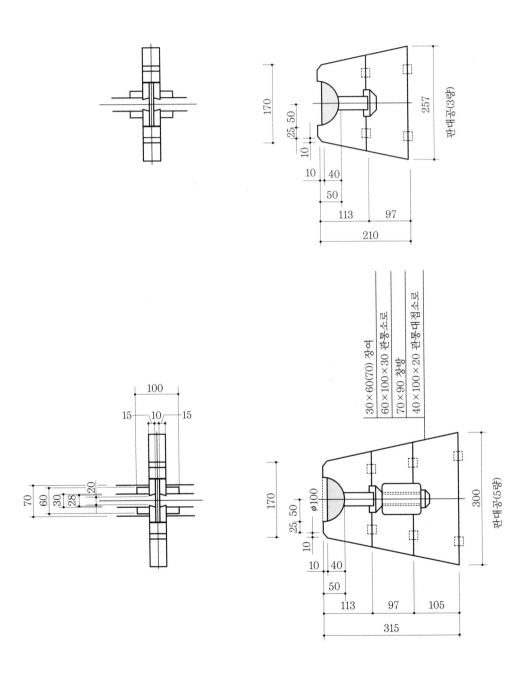

판대공(3량)

30×60(70) 장여
60×100×30 판통소로
70×90 창방
40×100×20 판통대접소로

판대공(5량)

(29) 주먹장

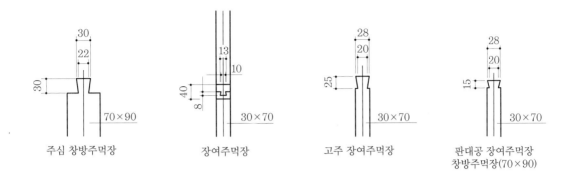

주심 창방주먹장   장여주먹장   고주 장여주먹장   판대공 장여주먹장 창방주먹장(70×90)

(30) 지붕재

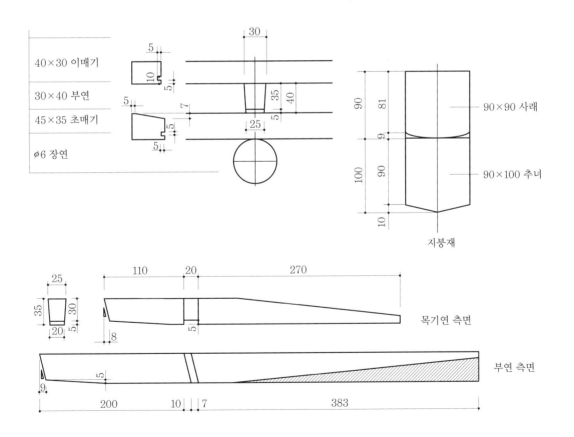

40×30 이매기
30×40 부연
45×35 초매기
∅6 장연

지붕재

90×90 사래
90×100 추녀

목기연 측면

부연 측면

조립 사진

기 둥

기둥에 익공 결구

익공과 창방

창방 결구

외진기둥 세우기

외진주

창방 결구

창방 결구

외진주 완성

고 주

고 주

대량, 측량, 충량, 퇴량

주두와 소로 결구

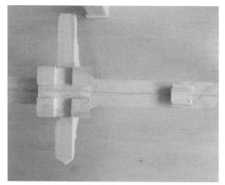

소로봉 안 끼우는 주두와 소로

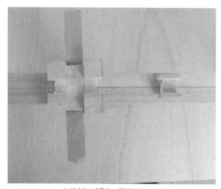

소로봉 끼우는 주두와 소로

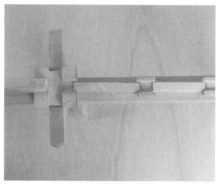

소로봉 끼우기

장여 결구

주심장여 결구

대량과 퇴량 결구

대량과 퇴량 결구

측량 결구

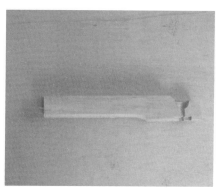

충 량

대량의 충량주먹장 연결자리

충량 결구

측량과 충량

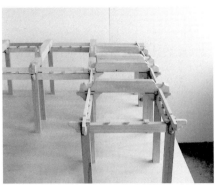

3량가의 양머리보 결구

양머리보 결구

보결구 완성

동자주 세우기

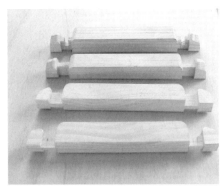

5량가 종량보

5량가 종량보 결구

5량가 종량보

중장여 동자주

중장여 동자주

중장여 동자주

중장여

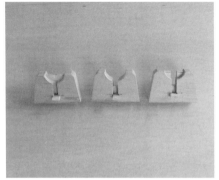

판대공

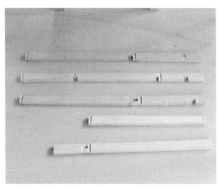

여러 모양의 장여

귀장여

귀장여

귀장여 판대공 확대도

귀장여 판대공 결구

3량가 판대공 배치

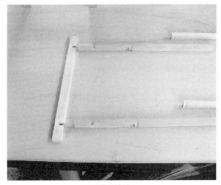

양귀장여

중장여 설치

중장여 설치

도리자리 숭어턱

도리자리 쳐낸 숭어턱

3량가 장여 결구

회첨부 도리

회첨부 도리

외진주 도리 결구

3량가 외진주 도리

중도리 결구

5량가 중도리와 3량가 종도리 결구

5량가 판대공

5량가 판대공

판대공 창방받침과 창방

판대공 장여받침과 소로

판대공 장여

판대공 결구

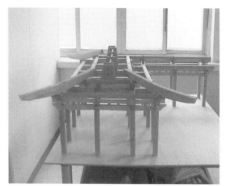
추녀 설치

갈모산방

사래 설치

초매기 설치

초매기 설치

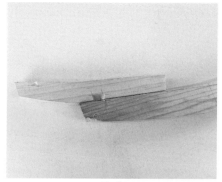

사 래

초매기 평고대

초매기

장 연

장연 걸기

장연 걸기

선자연

선자연 단연 확대

측 면

빼목 자르기 전

빼목 자른 후

고대부연

고대부연 걸기

뺄목 받침대

뺄목 받침대 그랭이 작업 후

집부사와 추녀 단연

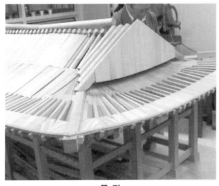

풍 판

풍판 측면

박공

목기연

목기연 측면

추녀에 붙는 단연과 목기연

목기연 개판과 받침

개판 완료

부연누리개

장연누리개

누리개 확대

완 료

완 료

배움의 과정

도리를 먹선대로 절단하였다. 다시 보니 도면과 틀렸다. 먹을 잘못 놓은 것이다. 한 번 절단하면 붙일 수 없다. 최종의 절단 작업자가 최종 확인을 했어야 할 것이다. 먹선만 보고 깎을 것이 아니다. 먹선 역시 잘못 그릴 수 있음을 염두에 두고 깎기 전에 한 번 더 확인하는 것이 중요하다.

나무는 계속 변형되고 틀어지므로 먹선 친 후와 깎을 때도 차이가 심각해질 수 있다. 이때는 다시 먹선 치고 깎는 것도 방법이다. 또한 여유를 남기거나, 먹선은 반드시 살려둔다는 생각으로 깎아야 한다.

작은 것이 문제이지 큰 것은 문제가 안 된다. 크면 깎으면 된다. 목수는 깎아 먹고 살기 때문에 부자가 안 된다고 하는데, 깎아 먹고 사는 것이 아니라, 최적의 형태로 다듬고 살기에 부자가 될 것이다.

왕지도리의 반턱 따기를 거꾸로 하였다. 받을장이 업을장이 되고 업을장이 받을장이 되었다. 조립에 하자는 없으나 결구 시 도리뺄목이 부서지는 결과를 초래하였다. 결구의 방법을 완전히 모르기 때문이다. 도면을 여러 번 그리고 결구의 방법까지 완전히 익혀야 실수를 줄일 수 있다. 머릿속에 이미 집 한 채가 다 들어 있어야 한다.

측량을 충량처럼 배를 후려 깎았다. 측면에 들어가는 보는 다 배를 후리는 줄 알았다. 앞서 나감도 금물이다. 배우는 과정에서는 하기 전에 물어보고 확인해 보는 것이 중요하고 기술을 습득한 다음에는 의견을 나누어 보고 생각하며 하는 것이 기술을 향상시키는 데 도움이 된다. 물어보는 것이 아니라, 나의 생각은 이렇다 하는 목수 자신의 철학이 묻어나야 한다.

선조들은 구들을 들이고 난 후 방바닥을 바를 때 솔방울을 꽂아서 불을 지핀 다음 솔방울의 송진이 바닥으로 스며들게 한 뒤 잘라 내었다. 흙은 마르면 갈라지므로 연기가 스며들어 오는데 솔방울의 송진이 틈 사이로 녹아 들어가 연기를 막아 주는 충진제의 역할을 하도록 하였다. 이를 활용하여 바닥 흙을 반죽할 때 솔방울을 잘게 분쇄하여 섞어서 반죽하여 바르면 보다 효과적으로 바닥을 충진할 수 있다. 송진이 틈을 메우고 솔향도 피어나서 자연의 향을 느낄 수 있으리라.

한옥은 목수들의 취향과 안목과 경험에 의해서 다양하게 실험적으로 건립되었다. 따라서 지방마다 틀리고 어떤 계보의 문하에서 일을 했는가에 따라 치목이나 결구의 방법도 상이하다. 각각의 장단점이나 좋고 나쁨을 따질 수 있는 것이 아니다. 그 나름대로 전통과 형식을 갖추어 온 역사의 산물이므로 전통으로 존중받아야 한다.

한옥은 자연과의 조화와 배려가 기막히다. 지붕 위에 보이는 자연의 각도를 재구성해 주었다. 구불구불한 길을 따라 막히고 트여 있는 공간 사이로 보이는 자연이 다르게 보인다. 집의 배치도 평면으로, 수직으로 공간 배치를 하여 각 공간의 배치와 조경이 각각 특색을 살리며 자연 속에 동화되어 있다.

출입문의 크기와 배치도 나름대로의 의미를 담고 있다. 허리를 굽히고 들어올 수밖에 없는 작고 낮은 문을 고행과 수행을 겸하도록 높고 험한 산속에 배치시킨다. 위풍당당한 기둥을 자랑하는 큰 문은 인간의 작고 겸허한 마음을 찾고 하늘의 위대함을 경이롭게 보이게 하는 그 모든 것을 땅이 품고 있도록 하고 있다. 걸어가면서 느끼고 들어가면서 느끼고 나오면서 느끼는 이러한 느낌의 미학(美學)을 무엇이라고 해야 할까!

한옥은 집에서 앉아 볼 때와 서서 볼 때 보이는 자연의 차이와 창문으로 들어오는 각도에서 느껴지는 풍경을 통하여 사람을 집으로 끌어들이고 집을 자연 속으로 끌어들여 집을 돋보이게 하고, 자연을 우러러 보이도록 하며, 사람으로 하여금 인간의 본성을 찾도록 해준다.

보다 과학적이고, 조형적인 기법은 후대의 몫이다. 건축주의 생각과 취향대로 무한대의 응용력을 창출하고, 자연과 인간의 습성을 가장 잘 조화시킬 수 있는 한옥이야말로 가장 우수한 집이요, 세계의 자랑거리이다.

한옥의 기법이나 기술은 정형이 아니다. 수치에 연연할 필요도 없다. 목수의 슬기와 지혜가 축적된 경험의 집성체이다. 따라서 어떤 특정 기술의 우위가 있을 수 없다.

사람의 취향은 개인마다 달라서 뭉툭한 것을 좋아하는 사람이 있고 세련된 것을 좋아하는 사람도 있기 때문이다. 손맵시가 안 좋고 눈이 정확히 보이지 않아 울퉁불퉁하고 틈이 벌어지고 촉이 떨어져도 목수의 정성과 땀이 녹아 있으면 그보다 아름다운 것이 없다.

중요한 것은 정성과 끊임없는 공부이다. 보다 나은 기술로 보다 나은 조형미를 나타내기 위해서는 꾸준한 자기 수양을 하는 길밖에 없다. 밤새워 도면을 그리고, 모형을 만들어 보고, 도구를 만들고 갈아서 사용해 보면 나름대로 길이 보인다. 단, 계속 생각하고 깨달으면서 해야 한다.

깨달음의 정도에 따라 실력도 비례한다. 나이가 들면 비록 손은 약해지고 무뎌지지만 연륜이 쌓여 섬세함과 조화로움의 깊이는 더욱 깊어진다.

잘 지은 집은 가장 멋진 가구도 당할 수 없을 만큼 정교하다. 집은 집 자체로 예술이지만 주위의 환경과 잘 어울려야 하고, 풍수, 물길, 산의 지형 및 방위도 고려해야 한다. 높은 산에 웅장한 집, 낮은 산에 소박한 집, 물 있는 바위 위에 그랭이 떠서 지은 집은 자연과의 조화의 극치를 보여준다.

흙에서 태어나서 흙으로 돌아가는 과정이 한옥에 여실히 나타난다. 인체의 비례에 맞게 지어진 한옥, 천기를 계산하여 지어진 한옥, 땅에서 나는 자연물, 나무와 돌과 흙으로 지어진 한옥, 집의 높낮이와 방향을 조절하여 자연을 보는 각도를 조절하고 문의 크기를 조절하여 사람으로 하여금 허리를 굽히고 들어오게 한 한옥이야말로 천지인(天地人)을 관통하는 도의 길에 이르는 종합 예술이다.

후기

초등학교 4~5학년 때였던가? 지게 작대기를 잘라 팽이를 만들었던 일과 당시 유행하던 만화 주인공의 모형을 나무로 깎아 만들었던 기억이 새롭게 났다. 손재주는 조금 있었던가 보다.

인사동의 한 화랑에 전시된 가구를 보고 우리 전통 소목 가구를 공부하게 되었다. 나무의 결과 결합 구조를 공부하면서 전통의 멋과 나무가 주는 손맛에 푹 빠져 버렸다. 사회에 나와 처음으로 접한 일이 원목을 수입해서 제재소에 공급하는 것이었는데 지천명이 되도록 딴 일을 하다가 다시 나무로 돌아온 느낌이었다.

인사동에서 사방탁자를 본 후 소목 가구의 공간과 면 분할의 심오함에 심취해 있을 즈음 한옥이 눈에 들어 왔다. 한옥은 큰 부재라서 결구가 틈도 크고 엉성할 줄 알았는데 한옥의 결구는 정교하고 틈이 없이 짜여 있었다. 멀리 단청으로 치장되어 있던 한옥을 가까이에서 뜯어 보니 결구의 기법이 심오하였다.

나는 한옥에 미쳐 버렸다. 치목과 조립의 섬세함과 전체적인 조형미, 그 속에 숨어 면면히 녹아 있는 전통 목수의 혼이 고스란히 느껴졌다. 하고 있는 업이 있었기에 업 이외의 시간은 전부 한옥에 쏟아 부었다. 한옥의 멋을 느끼게 되자 내가 공부한 지식이 충분하지 않지만 더욱 더 공부하여 많은 한옥을 만들어 콘크리트와 아파트의 숲을 대체하고 싶었다.

아파트는 한 채가 수억을 호가하고, 내가 직접 지을 수도 없고, 시간이 지나면 헐고 다시 지어야 하지만, 한옥은 내가 직접 지을 수도 있고 수리할 부분만 다시 갈아 끼울 수도 있다. 재료도 자연산이라 친환경적이다.

문제는 목수의 수가 부족한 점과 한옥은 비싸다는 인식이다.

우선 개혁은 마음부터 달라져야 한다.

민가 한옥은 기초적인 기법만 익히면 초보라도 쉽게 지을 수 있다. 부재의 가격도 비싸지 않다.

우리가 사는 집, 평생 몸담을 집이 가장 편해야 하는데 콘크리트 아파트라면 너무 아쉽다.

일단 지금 있는 소규모 집들부터 한옥으로 바꿔나가고, 도심을 벗어난 지역은 한옥으로 짓고, 도심의 재개발 시에 한옥으로 개발해 나가면 살아있는 전통문화가 형성될 것이다.

콘크리트 숲이 한옥의 전통과 역사의 미가 살아 숨 쉬는 고장으로 바뀌고, 관광객들의 찬사가 쏟아져 넘치고, 우리 한옥의 정통성과 정체성이 널리 퍼져 세계로 수출되고, 일자리가 창출되고, 나이가 들어도 취미처럼 할 수 있으니 치매도 없어지고 풍요로운 삶이 이루어 질 것이다.

한옥에 담겨 있는 조상들의 지혜는 세계에 자랑할 만한 귀한 유산이다.
한옥은 바빌론의 제국이 아니다.
스스로 주변의 재료를 활용한 살기 좋은 살림집이다.

한옥이 다시 번성할 날을 꿈꾸어 본다.
꿈은 반드시 이루어지리니.

• 한옥 공부에 도움이 된 책
　김동현 저, 『한국 목조 건축의 기법』, 발언
　김왕직 저, 『한국건축용어』, 발언
　문기현 저, 『사진과 도면으로 보는 한옥짓기』, 한국문화재보호재단
　박영규 저, 『한국의 목가구』, 삼성출판사
　장기인 저, 『목조』, 보성각
　정인국 저, 『한국건축양식론』, 일지사

한옥을 말한다

2010년 5월 25일 1판 1쇄
2014년 6월 15일 2판 2쇄

저자 : 박광수
펴낸이 : 이정일

펴낸곳 : 도서출판 일진사
www.iljinsa.com

140-896 서울시 용산구 효창동 5-104
대표전화 : 704-1616, 팩스 : 715-3536
등록번호 : 제 3-40호(1979. 4. 2)

값 16,000원

ⓒ 박광수, 2010

ISBN : 978-89-429-1217-9